지금 왜 수도 이전인가!

- 국내외 석학들의 제언 -

지금 왜 수도 이전인가!
_ - 국내외 석학들의 제언 - _

2004년 12월 10일 초판 1쇄 인쇄
2004년 12월 15일 초판 1쇄 발행

지은이 崔相哲
펴낸곳 華山文化
펴낸이 許萬逸

등록번호 2-1880호(1994년 12월 18일)
전화 02-736-7411~2
팩스 02-736-7413
주소 서울시 종로구 통인동 6, 효자상가 A 201호
e-mail huhmanil@empal.com

ISBN 89-86277-76-X 03530

지금 왜 수도 이전안가!

- 국내외 석학들의 제언 -

최상철 편

화산
문화

지금 왜 수도이전인가!
- 국내외 석학들의 제언 -

한 나라의 수도를 옮긴다는 것은 그 나라의 역사의 한 획을 긋는 중요한 결단이다. 결코 당리당략적 득표전략일 수 없으며 정권창출을 위한 수단일 수도 없는 일이다. 그러나 이러한 일이 우리 나라에서 일어났다. 대통령 선거공약으로 수도이전이 제시되었고 특정지역이 표를 몰아줌으로서 당선이 되었다. 이를 반대하였던 야당도 선거에 질세라 법을 앞장서서 통과시켰고 수도이전사업은 지난 1년 동안 이른바 급물살을 타고 진행되고 있었다.

처음부터 수도이전에 대한 국민적 합의는 안중에도 없었으며 국민들도 설마 수도이전이 그렇게 쉽게 이루어지겠느냐 하는 안일한 방관 속에서 수도이전 사업은 더욱 굳어져 갔다. 수도이전 최종입지가 확정되고 토지매입과 신수도에 대한 밑그림이 그려지기 시작했다. 드디어 국민들은 예삿일이 아니구나 하는 경각심이 생기기 시작했고 국가와 민족을 걱정하는 국내전문가와 사회원로들의 목소리가 커지기 시작했다. 특히 우리 나라의 급격한 수도이전 발표에 우리 나라를 걱정하는 국외석학들의 우려의 목소리도 들리기 시작했다. 수도이전반대의 목소리는 함성으로 커졌으며 드디어 지난 10월 21일 헌법 재판소는 「신행정수도건설을 위한특별법」의 위헌판결을 하기에 이르렀다. 그러나 이러한 위헌판결에도 불구하고 수도권 과밀화억제와 지역균형발전이란 명분으로 변형된 사실상이 수도이전을 획책하고 있으며 처음부터 잘못된 정책적 오류로 상처받은 충청권 정서를 무마하기 위한 온갖 기발한 발상을 지속하고 있다. 위헌판결로 수도이전문제가 더 이상 필요 없다고 방관할 수 없는 사태가 진행되고 있는 중이다.

이 책에는 열한 편의 국내 석학의 글과 국외에서 세 분 석학의 글과 함께 특별 대담 내용을 실었다. 국내 열한 편 중에서 김형국, 유우익, 한영우, 최상철 교수의 글은 이미 다른 곳에서 발표한 글을 재수록토록 승낙해 주셨고 김의원, 손정목, 임길진, 한영환, 형기주, 황명찬 교수의 글은 수도이전을 걱정하는 충정어린 옥고를 보내주셨기에 이 자리를 빌려 뜨거운 감사를 드리는 바이다. 수도이전의 부당성에 대한 역사적, 민족적, 시대적, 정치·경제적, 국토공간정책적 등 여러 측면에서의 전문가로서, 또 현대를 살아가는 한사람의 지성과 원로 석학들로서 지면을 촌

철하는 글을 주셨다. 이 분야의 학자로서 지금 이 시점에서 왜 수도이전을 하지 않아야 한다는 데 대해서 국민들에게 호소하는 뜨거운 입김이 서려 있는 글들로 고답적인 학술논문이 아니라 국민 모두가 쉽게 읽을 수 있도록 가능하면 전문용어는 생략하도록 하였다. 이 책을 준비하는 과정에서 헌법재판소의 위헌판결이 있었기에 시의적으로 맞지 않 다는 우려가 있었으나 위헌적인 수도이전을 변형시켜 사실상 수도이전을 추진하고 있는 현재, 이분들의 글을 계속하여 국민들에게 알릴 필요가 있다고 생각하여 감히 책자로 발간토록 하였다. 나아가 우리 나라 역사 속에 언젠가 다시 재기될 수 있는 수도이전 논의에 대한 하나의 역사적 기록으로, 우리 후손들에게 넘겨줄 시대적 교훈으로서 의의가 있다고 생각하였다.

국외 세 분은 수도이전에 관한 세계적 석학들이시다. 미국의 해리 리차드슨 교수, 프랑스 소르본대학의 장 로베르 삐뜨 총장, 일본의 이치카와 히로오 교수는 우리 나라 수도이전에 대한 우리들 이상의 걱정 섞인 글을 기고해 주셨다. 우리 나라 국가발전을 위해 결코 바람직하지 않다는 각국 및 역사적 사례를 들어 말씀해 주셨으며 기꺼이 면담에 응해주신데 대하여 또한 감사를 드린다. 특히 출판인으로서 사업의 시장성을 넘어선 역사적 소명감에서 기꺼이 이 책의 출판을 맡아 준 화산문화 허만일 사장께도 심심한 사의를 표하는 바이다. 본 출판과정에서 서울대학교 환경대학원 석사과정의 이종현, 이동관군, 편집과 교열에 정성을 기울여 주신 화산문화 직원 여러분께도 감사를 드리고자 한다.

2004년 11월

최 상 철
서울대학교 환경대학원 교수

__제2편　해외 석학들의 제언

제1편

국내 석학들의 제언

1_ 수도이전 왜 문제인가

김의원_ 전 경원대학교 총장

1. 박대통령의 임시 행정수도와 참여정부의 신행정수도 문제는 본
질적으로 다르다.

　　지금 행정수도 문제로 온 나라가 뒤끓고 있다. 찬성하는 사람, 반대하
는 사람으로 갈라져 매일같이 공방이 계속되고 있다. 노무현 정부에서는
국가보안법 폐지와 친일파 정리 및 행정수도 이전 문제를 3대 당면 과제
로 정해 놓고 정부 여당이 줄기차게 밀어붙이고 있다. 참여정부는 과거
'70년대 박정희 대통령 때도 시도했던 것이라면서 박대통령을 악용하고
있다. 과거 박대통령 때 구상했던 임시 행정수도(臨時行政首都)와 지금의
행정수도 이전문제는 근본적으로 다르다.
　　첫째, 박대통령 때의 임시 행정수도는 대통령 스스로의 발상이었다.
지금의 행정수도 이전문제는 대통령의 발상이 아니고 일개 정치 자문교
수의 발상에서 비롯되었다는 것이다.
　　둘째로 '70년대의 임시 행정수도 구상은 어디까지나 통일이 될 때까
지 임시적인 조치라는데 반하여 지금의 행정수도는 임시라는 단서도 없
는데다가 행정수도 이전이라 하면서 내용은 국회와 사법부를 포함한 이
른바 천도(遷都)를 하겠다는 것이다.
　　셋째로 박대통령의 임시 행정수도 문제는 국가안보가 주축인데 반하
여 노정권의 행정수도 이전은 충청도 지역의 표를 의식한 정치적 결정이
었다. 보도에 따르면 2002년 대통령 선거전 때 노사모 진영의 일부 교수
들이 행정수도 이전문제를 선거 공약으로 넣는 것이 좋겠다고 건의하자
노무현 후보는 초기에는 거들떠보지도 않다가 막판에 이를 선거공약에
포함시켰다는 것이다. 후일 노무현 대통령 자신이 지난번 대선(大選)때
이것 때문에 재미를 좀 보았다고 실토한 적도 있다.

지금 우리 나라는 IMF 때보다 더 심각한 경제 침체를 겪고 있다. 뿐만 아니라 시급한 국정이 산적해 있는데도 노무현 정권이 국가보안법 철폐와 과거사 청산과 아무런 실익도 없을 행정수도 이전(말로는 행정수도 이전이지만 실제는 천도임)을 고집하는 것일까.

북한은 입으로는 통일이나 한민족이니 하면서 뒤로는 청와대 습격사건을 비롯하여 울진 공비 침투사건, 아웅산 테러사건, KAL기 폭파사건 등 이루 헤아릴 수 없을 만큼 세계가 놀랄만한 사건을 저지르는 한편 간첩을 계속 남파해 왔다. 더욱 그들은 헌법에 우선하는 '노동당 규약' 전문에는 "조선 노동당의 당면 목적은 공화국 북반부에서 사회주의의 완전한 승리를 이룩하고 전국적 범위에서 민족 해방과 인민민주주의 혁명과업을 완수하는데 있으며……"라고 규정하고 있으므로 그들의 대남 적화 통일 전략이 변하지 않았다는 것을 입증하고 있다. 또한 그들의 형법에는 국가 주권을 반대하는 죄, 민족 해방 투쟁을 반대하는 죄, 반국가적 범죄에 대한 은닉 및 불신고 죄 등을 범한 자는 사형이나 전재산을 몰수하게 되어 있다.

사정이 이러함에도 국가보안법 철폐를 주장하는 사람들은 북쪽의 '노동당 규약'이나 형법을 문제삼는 사람은 한사람도 없다. 현실적으로 국가보안법이 있어 불편을 느끼는 자는 송두율같은 사람이나 주사파(主思派)와 일부 친북 좌익분자들 뿐이다. 고작해야 2~3만 명에 불과하다.

일반 국민들은 국가보안법이 있다해서 불편을 느끼는 사람은 아무도 없다. 만약 국가보안법이 폐지되었을 경우 '김정일을 통일 대통령으로'라는 피켓을 들고 시위를 해도 단속할 근거가 없다. 3·1절이나 8·15 광복절에 태극기 대신 인공기(人共旗)를 걸어도, 데모 등 군중집회에서 인공기를 앞세우고 행진을 해도 단속할 근거가 없다.

친일 청산(親日淸算) 문제를 보자. 해방과 더불어 이른바 친일파를 청산 못한 것은 남쪽의 잘못이다. 그러나 그런데로 청산 못한 사정이 있기는 하지만 그렇다고 친일파를 청산한 북에 정통성이 있다는 일부 친북주의자들의 주장은 얘기가 다르다. 해방된 지 내년이면 60년이 된다. 친일한 사람의 대부분은 이미 타계(他界)하고 없다. 집권여당은 처벌이 목적이 아니다 하면서도 과거의 연좌제(連座制)를 연상케할 뿐 아니라 이북(以北)의 출신성분(出身成分) 제도를 방불케하고 있다. 죽은 사람을 재정(裁定)한다는 것은 신(神)만이 할 수 있다. 하기야 왕조시대 부관참시(剖棺斬屍)란 것이 있었다. 하지만 이것은 왕의 오기였고, 한풀이에 지나지 않았다. 부관참시를 한 왕은 죄다 악군(惡君)의 반열에 올라 있다.

친일 문제를 비롯한 과거사 청산을 하지 말자는 것이 아니다. 이 문제를 정치세력이 하면 그 부작용은 끝이 없을 것이기 때문에 공정성을 유지할 수 있는 역사학자들에게 맡기고 정부는 민생문제 해결에 진력 할 일이다.

행정수도 이전문제를 보자. 대다수 국민들이 이전의 타당성을 인정하지 않고 있을 뿐 아니라, 또 국민투표 등을 통한 국민의 의사를 묻는 절차를 취하지 않았을 뿐 아니라, 행정수도라면서 내용은 천도를 뜻하는 이전 계획을 국가 안보상 시급을 요하는 사항도 아닌데 이를 추진하고자 하는 이유를 알 수가 없다.

혹자는 타당성도 긴급성도 없는 것을 강요하는 것은 혹시 김대중씨가 깔아놓은 6·15 정상회담의 '낮은 단계의 연방제' 통일을 뒷받침하기 위한 것이 아니겠는가하는 억측이 나오기도 한다. 만약 이것이 사실이라면 문제는 심각해진다.

1976. 6. 2.	총리를 그만둔 김종필에게 임시 행정수도 현지답사 지시
	서울대학교 주종원, 최상철 교수가 작업
1976. 6. 22.	김종필 전총리 대통령께 보고 〈NC〉 보고서 40쪽(별첨 참조)
1976. 7. 21.	김재규 건설부장관 및 김의원 건설부 국토계획국장에게
	임시 행정수도 건설계획 지시.
8. 18.	건설부장관 1차 중간 보고
9. 21.	건설부장관 2차 중간 보고
1977. 2.	건설부장관 3차 중간 보고
1977. 2. 10.	서울시 년두 순시 때 〈임시 행정수도 건설구상〉 발표
1977. 3. 7.	중화학공업추진위원회로 업무 이관
1977. 3. 16.	임시행정수도 건설을 위한 백지계획 수립 지시
1977. 3. 26.	중화학공업추진위원회에 실무기획단 구성
1977. 7. 23.	건설부 임시 행정수도 건설을 위한 특별조치법 제정
1977. 10. 19.	임시 행정수도 건설에 관한 국제 세미나 개최
1977. 12. 6.	임시 행정수도 건설을 위한 백지계획안(도집) 보고
1978. 6. 20.	임시 행정수도 건설에 관한 종합연구를 위하여
	한국과학기술연구소에 부설 지역개발연구소 발족
1979. 5. 14.	임시 행정수도 백지계획 종합계획서 제출
1979. 12. 30.	임시 행정수도 백지계획 종합보고서 (Ⅰ, Ⅱ 부)작성
1980. 2. 15.	최규하 대통령께 '80년도 중요업무계획 보고

1976. 6. 10. －1－

新行政首都位置選定에 考慮事項

1. 現休戰線에서 平壤까지의 距离와 比等하거나 若干 距离가먼곳 (南方으로)

2. 서울에서 自動車 또는 電鉄로의 2時間以內 距离.

3. 現存京釜軸線에 可及的 近接한 位置(左.右로)이며 旣存道路網이 잘 發達되어있을것.

4. 接近에 좋은 水源을 保存 할것.

5. 旣存中小都市가 1~2個 隣接해있는것이 所望스러움(自動車로 30分~1時間 距离)

6. 旣存農耕地가 可及的 많이 包含되지 않을것.

7. 排水가 잘되는 丘陵·野山 등이 많을것.

8. 20~30分 距离內에 좋은 飛行場이 位置한다면 理想的이다.

9. 都市造成面積이 最少限 ─── 平方m以上. 人口 30万~50万 程度의 收容能力을 갖어야함

10. 其他;
地域內에 文化財 等 旣存 特殊施設의 撤去 對象有無

　　1976년. 박정희 전 대통령께서 김재규 건설부장관과 필자(당시 건설부 국토계획국장)를 불러놓고 임시 행정수도 건설문제를 지시할 때 이렇게 말했다.

　　"휴전선에서 김일성과 같은 거리에서 지휘해야 한다. 그런데 서울에 600만 인구를 두고 내가 총참모장이라도 작전계획을 세울 수가 없다." 또한 "6·25 때, 9·28 수복 때 서울로 올라온 것이 잘못이었다. 우리 민족은 앞을 내다보는 눈이 없는 것 같다."라고 말했다.

　　한편 1977년 2월 10일, 서울특별시 연두순시 때 임시 행정수도 건설 구상을 발표할 때는

　　"…… 수도의 인구 집중 억제는 여러 가지 다른 정책도 수립해서 강력히 밀어야 되겠지만 결국은 우리가 통일될 때까지 임시 행정수도를 어디 다른 데 옮겨야 되겠다는 것이 지금 내가 생각하고 있는 하나의 구상이다.…… 옮기더라도 지금 서울하고는 고속도로를 만들든지 전철을 만들든지 하여 한 시간, 많아도 한 시간 반 정도면 오고 가고 할 수 있는 범위 내에서 인구 몇 10만 정도되는 그런 수도를 만들면…… 여기로 나가는 인구는 그렇게 많지 않을지 모르지만 새로운 행정수도가 거기 위치함으로서 서울에 자꾸 오는 인구를 한쪽에서 잡아당기는 억제하는 역할을 하고, 또 상당한 수를 그쪽으로 끌고 갈 수도 있게 될 것 아닌가. ……"라고 말했다.

　　이뿐 아니라 박대통령은 임시 행정수도 건설 구상을 추진해 나가면서 종래의 작전계획을 수정, 수도권사수계획을 천명하게 된다. 다시 말해 박대통령의 임시 행정수도 건설은 철저한 국가안전보장을 염려하고 고려한 차원에서의 계획이었다 할 수 있다.

2. 신 행정수도 이전 이유 분석

　　노무현 정부는 행정수도를 건설해야 할 이유로서 제일 먼저 제시한 것이 수도권의 과도한 집중으로 국토 균형발전을 저해한다는 것이다. 그들이 제시한 통계에 따르면 중앙 행정기관 84.0%, 100대 기업의 본사 92.0%, 공기업 본사 84.8% 가 수도권에 몰려 있다는 것이다.

　　또한 그들은 행정수도 이전이야말로 21세기 국가발전 전략이라는 것이다. 한편 그들은 신행정수도 건설의 파급효과로서 수도권의 인구 분산과 교통접근성이 개선될 뿐 아니라 환경비용도 절감된다는 것이다.

경제적 효과로서는 수도권의 부동산 가격이 안정될 것이며 건설업이 활기를 띨 것이라고 말하고 있다. 이밖에 사회적 효과로서는 서울 제일주의를 극복할 수 있을 것이며 서울은 미국의 뉴욕처럼 경제수도로서의 면모를 갖출 것이라고도 말한다.

신행정수도 건설 추진위원회가 주장하는 것처럼 수도권의 과도한 집중은 누구나 아는 사실이다. 그러나 집중의 폐단이 있기는 했지만 60~70년대 우리 나라 경제발전의 견인차 역할을 한 것 또한 사실이다.

60년대 후반부터 당시 정부가 실시한 여러 가지 수도권 인구분산 시책은 당장의 애로 극복책이라기 보다는 장래에 대비한다는 측면이 강했다. 내용을 잘 모르는 사람들은 60~70년대의 수도권 인구분산 시책을 2분법적으로 실패했다고 단정하는 사람들이 있다. 계획한 데로 되지 못했다는 점에서 실패라고 말할 수 있을지는 모른다. 과천(果川)을 개발하고 30만 신도시 안산(安山)을 조성함과 동시에 수도권 대학의 정원을 동결시키는 등 당시로서는 할 수 있는 최선의 조치들을 취했었다. 그러나 그나마 당시 수도권 인구분산시책이 없었다면 그 결과는 불을 보듯 뻔한 것이었을 것이다.

지금 국민의 절반이 수도권에 집중되었다고 한다. 그렇다고 앞으로 계속 집중해서 60~70%가 되리라고 생각되지는 않는다. 필자의 짐작으로는 지금이 집중의 피크가 아닌가 생각된다. 달도 차면 기운다는 말이 있다. 도시계획 이론에도 U턴 현상이 있다. 집중이 한계에 이르면 도로 회귀하게 되어 있다. 그들은 또한 국토의 중심(中心)을 남쪽으로 옮겨야 지역간 교통 접근성이 좋아지며 지역발전에 도움이 된다는 주장이다. 국토의 중심(中心)이든, 중심(重心)이든 서울서 불과 30~40분 거리에 행정수도를 건설한다면서……, 이것은 어떤 의미에서는 수도권의 연장 확대

현상에 불과하다.

지금 우리 나라의 교통시설로도 자동차의 경우 5시간이면 해남의 땅 끝까지 갈 수 있고, 기차일 경우 2시간 40분이면 부산, 목포까지 간다. 얼마 후에는 2시간이면 족하다. 이런 상황 하에서 무슨 중심(中心)이고 중심(重心)을 얘기하느냐 말이다.

더욱 신 행정수도 건설이 완성되는 2011년에는 남북 7개 노선과 동서 9개 노선의 고속도로망을 주축으로 총 14만 킬로미터의 도로망이 형성된다. 이렇게 되면 우리 나라 어디서나 20분 이내에 고속도로 출입구와 연결되게 되어 있다. 이렇게 될 경우 우리 나라의 도로밀도는 물론 도로 연장에 있어서도 세계 10대 선진국 대열에 서게 된다. 더욱 이와 때를 같이하여 서울 중심 10개 방사도로, 부산 중심 5개 노선, 대구 중심 7개 노선, 대전 중심 6개 노선이 병행 건설되면 우리 나라 도로망은 명실공히 바둑판 같은 구조가 된다. 더더욱 2020년까지의 도로확충 목표는 20만 킬로미터로 되어 있다는 것을 감안하면 그들 주장의 허구성을 발견할 수 있다. 필자 생각으로는 20만 킬로미터까지 갈 것 없이 지금의 도로와 철도 시설로도 앞으로 100년은 지탱할 수 있으리라고 생각한다.

또한 그들은 국토의 중심에 수도가 위치해야 나라가 발전 할 수 있는 것처럼 말한다. 그러면 신라(新羅)는 우리 나라 동남쪽 구석인 경주(慶州)를 수도로 정하고 천년사직을 유지한 비결은 무엇이었겠는가? 노무현 정부의 논리대로 한다면 신라는 진작 망했어야 하는데 어떻게 세계에서 가장 긴 왕조를 유지했단 말인가?

3. 50만 도시 건설로 해결되나

　신행정수도 기획단에 따르면 50만 정도의 신 행정수도를 건설하면 정부와 공공기관 이전에 따라 170만 명이 수도권을 떠나게 된다 한다. 이렇게 되면 영남권은 72만 명, 호남권은 34만 명이 늘어나게 되고 지방별로 성장 가능성이 큰 산업이 육성되고, 이를 지원할 공공기관까지 옮겨 가면 서울로 가지 않아도 좋은 일자리가 생길 뿐만 아니라 전망 좋은 사업도 가능해진다고 말하고 있다.

　서울이 정경일체(政經一體) 구조 속에서 중앙집권적 구조의 폐해가 발생한 것은 사실이다. 그러나 그렇다고 해서 이것을 치유한다는 방안이 50만 도시 하나 건설하면 될 것이라는 생각은 착각도 이만저만한 것이 아니다. 오히려 문제의 소재는 이러한 상태를 발생케한 기존의 정치, 행정 시스템 자체에 있다. 이를 해결하기 위하여 지방분권이나 규제 완화 등 구체적 실시 내용과 실행 계획이 착착 진행되어 가는 과정에서 50만 신도시를 말한다면 그런대로 설득력이 있다. 그런데 문제는 이 새로운 행정수도가 되면 국가 운영 시스템이 스무스하게 시동한다는, 말하자면 그들이 말하는 개혁의 기폭제로써의 역할을 할 것이라는 주장은 아무리 곱게 보려 해도 설득력이 부족하다.

　신행정수도 기획단에서는 여러 나라들의 수도이전 선례를 거론하고 있으나 우리의 모델이 될 만한 케이스는 찾아보기 힘들다. 기획단에서 서울은 뉴욕처럼 경제수도로 하면 된다는 말도 하고 있다. 수도 기능을 가진 신도시 건설의 정경분리형으로서 흔히들 미국의 워싱턴과 호주의 캔버라와 브라질의 브라질리아를 들고 있으나 이들 도시는 전부가 주(州)

〈전국도로망도〉

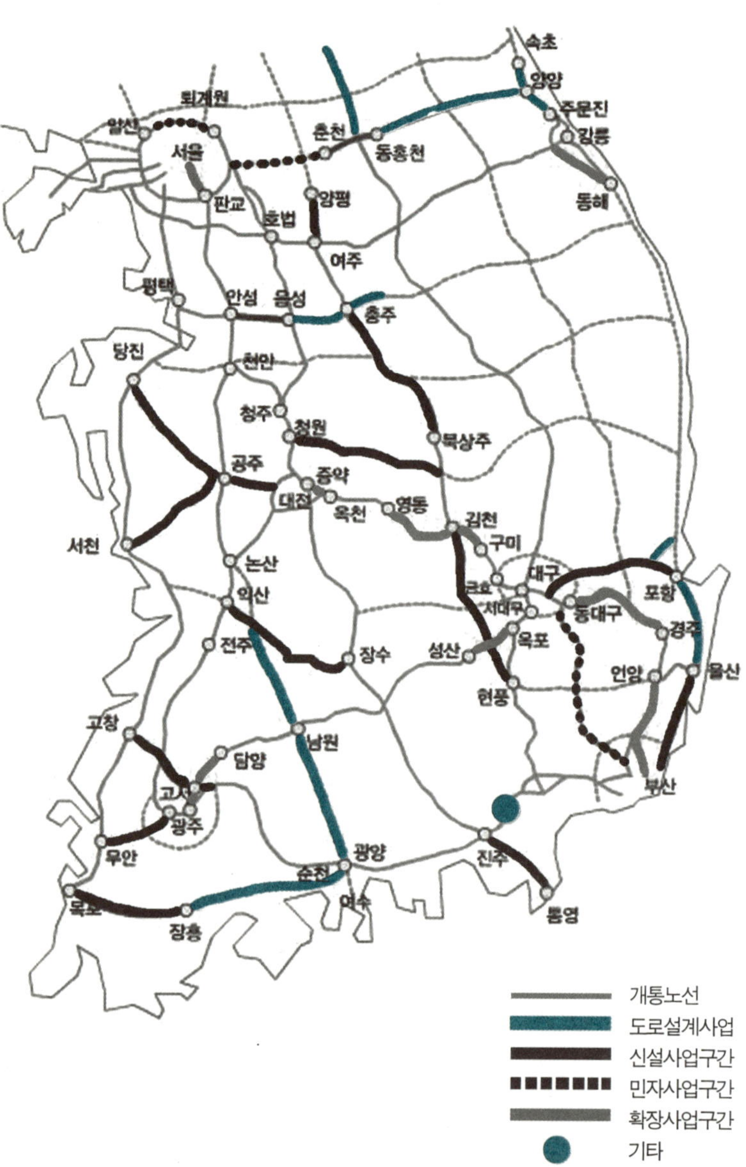
속초
양양
주문진
강릉
동해
퇴계원
일산
서울
춘천
동홍천
판교
호법
양평
여주
평택
안성
음성
충주
당진
천안
청주
청원
문경상주
공주
증약
대전
옥천
영동
김천
구미
서천
논산
대구
서대구
동대구
포항
경주
익산
전주
장수
성산
옥포
울산
고창
남원
언양
현풍
담양
고서
광주
부산
무안
광양
순천
진주
목포
여수
통영
장흥
개통노선
도로설계사업
신설사업구간
민자사업구간
확장사업구간
기타

정부의 권한이 강한 연방국가의 중앙정부의 수도이다. 이들 도시들을 모델로 하려면 수도기능 이전에 앞서 연방제(聯邦制)를 방불케하는 지방분권을 실현하지 않으면 안 된다. 흔히들 미국의 주지사를 우리 나라의 도지사나 일본의 현(縣)지사로 생각하는데 이것은 큰 착각이다. 미국은 주(州) 자체가 하나의 국가로 보아야 한다. 외교, 국방문제를 제외하고는 주정부가 모든 것을 독자적으로 집행한다. 그러니 주마다 법도 다르다. 미국에서 많은 주지사가 곧잘 대통령으로 선출되는 까닭은 한 국가를 다스린 행정경험을 존중하기 때문이다. 뉴욕과 워싱턴처럼 정경분리 원칙에 따른 도시 형성이 아무 나라에서나 되는 것이 아니다. 미국처럼 철저한 연방제 하에서만 가능한 것이다.

우리 나라의 경우 대륙법(大陸法) 체계의 국가인데다가 지방자치의 경험이 일천함으로 아무리 지방분권이나 권한위임을 강조해 보았자 별 무 효과일 것이다. 대륙법 체계는 통제가 강하기 때문에 지방분권을 위한 제도 개선은 거의 불가능에 가깝다. 그 대표적인 예가 얼마 전까지만 해도 제주도에서 목욕탕 하나 개설하기 위해서는 보건사회부나 내무부까지 거쳐야 했다. '70년대 중앙 각 부처가 도지사에게 권한위임을 대대적으로 한 일이 있다. 그런데 알고 보니 당시 내무부가 이를 전부 회수하여 아무런 전문 지식도 없이 자기들이 집행한 넌센스가 있었다.

문제는 우리 나라에 이러한 풍토가 있는 한 아무리 지방분권이나 권한위임을 외쳐도 마이동풍(馬耳東風)일 것이 뻔하다. 국토건설이란 관점에서 21세기의 사회가 20세기와 다른 점은 무엇인가를 생각한다면 그것은 성숙사회에로의 이행(移行)이라는 경제, 사회, 환경의 변화에 따라 기존의 스톡(비축)의 유효적 이용이 최우선 과제가 될 것이 틀림이 없다. 따라서 현재까지의 폐기와 건설이란 개발형태의 악순환은 끝을 맺어야 할 것이다.

그런데 이번 행정수도 이전계획이란 것을 검증해 볼 때 신도시 건설의 효용론(效用論)에 공간규모와 시대개념의 착오가 발견된다. 이를테면 50만 명의 도시 하나 건설한다 해서 수도권 인구 2300만 명의 일극(一極) 집중을 완화할 수 있겠는가 하는 것이다. 어떤 의미로든 성숙단계(成熟段階)에 도달한 국가가 이러한 신도시를 건설한 예가 지구상에는 아직 없다는 것을 고려해 볼 일이다.

4. 돈은 어디 있나

21세기 국가발전전략이라고까지 말하는 신수도를 건설할려면 여기에 소요되는 재정문제와 환경문제 등에 관하여 국민들이 납득할 만한 설명이 있어야 한다. 신수도 건설비로 45조6천억 원을 잡고 있다. 이중 약 70.0%에 달하는 34조3천억 원은 민간자본이라고는 하지만 11조 원을 넘는 대규모의 공공사업임에는 틀림이 없다. 설명에 따르면 현재 수도권에서 50만 신도시 하나 건설하는데 50조 원 이상이 드는데 신 행정수도는 45조 원으로 건설한다는 것이다. 땅값의 차이가 있기는 하지만 수도권 신도시의 경우는 아파트 건설이 주된 것이지만 신 행정수도의 경우 공공청사 비중이 클 것인데 이정도 돈이면 가능하다는 것은 투자규모를 축소하려는 의도가 아닌지 의심스럽다. 또한 재정투자 11조3천억 원을 2007년부터 2030년까지 23년 간 분할 집행하는 것으로 되어 있다. 일반적인 경향치로 보아 23년 후에는 45조가 450조로 부풀어 오를 가능성이 크다.

재정 투융자의 경우 가장 많이 소요될 때도 년간 1조수천억 원의 지출밖에 않되니 큰 부담이 되지 않는다고 주장하나 정부가 신 행정수도 이전 문제를 제기한 직후에 미2사단 감축 문제가 대두되었다. 생각지도 않았던 돌발사였다. 현실적으로 서부전선에서 미2사단이 담당하는 구역을 한국군이 인수받음으로서 오는 국방비 부담은 가히 천문학적 숫자에 이를 것이 뻔하다. 정부는 이 구멍을 메꾸는 데도 허겁지겁할 판인데 신 행정수도 건설비를 어디서 무슨 방법으로 염출할 것인지 궁굼하다.

5. 지배 세력의 교체

얼마전 노무현 대통령은 신 행정수도 이전문제를 말하는 가운데 이런 말을 한 적이 있다. "……지배 세력이 바뀌었으니 수도도 한번 옮겨 보아야 하지 않겠느냐 ……"고, 정말 기가 막히는 노릇이다. 현대 국가의 천도가 국가 조직도, 인구 규모도 전혀 다른 조선왕조 시대처럼 민심 쇄신을 이끌어 낸다고 생각하고 한 말인지 궁굼하기 짝이 없다. 600년 전 이성계가 역성 혁명을 일으켜 고려왕조를 지지하는 중신들의 소굴인 개경을 벗어나 한양으로 천도했다는 것은 대단히 피상적인 정치적 이유이다.

한양 천도를 하지 않으면 안될 결정적인 이유는 예성강(禮成江) 하구의 매몰로 조운(漕運)이 불편했기 때문이다. 당시 고려조나 조선조가 마찬가지로 영남미(嶺南米) 10만 석과 호남미 10만 석이 나라 재정의 전부였다. 이것으로 관원(官員)들의 녹봉(祿俸)도 주고, 사업도 하고, 경비로도 쓰고 했다. 그런데 이 쌀은 조운으로 예성강으로 들어와 개경으로 운송되게 되어 있는데 고려조 후기부터 예성강 하구의 매몰로 배가 들어

올 수 없게 되었다. 이성계는 정권을 잡자마자 한양 천도를 지시하는 가운데 수운(水運)이 좋은 곳을 고르라 함으로서 한강 유역의 한양이 수도로 결정된 주요 원인의 하나이다.

이성계의 한양 천도는 노대통령이 알고 있는 것 처럼 단순히 지배세력이 바뀜으로서 이루어진 것이 아니다. 일반적으로 알고 있는 정치적 이유보다 더 심각한 경제적 이유, 즉 예성강의 매몰로 세곡(稅穀) 운반이 불가능했기 때문이다.

6. 일본의 선례에서 배우자

일본의 천도 계획은 대단히 복잡하다. 그러면서 문제 제기는 꽤 오래되었다. 일본의 국토 정책과 천도문제를 이야기할 때는 이른바 소화(昭和) 16년(1941년) 체제를 알아야 한다. 군부가 주도권을 잡은 후 1938년에 국가 총동원법을 제정하고 국회의 심의 없이 칙령(勅令=天皇令)으로 1,000여 개의 법을 만들었다. 그 주된 내용은 상품과 시설의 규격통일을 비롯하여 사립학교를 없애는 등 교육평준화를 이루는 한편 이때 독일을 본따 소학교를 국민학교(독일의 히틀러 유겐트 양성 목적)로 개칭했다. 우리는 멋도 모르고 국민학교란 명칭을 해방 후에서 몇 년 전까지 무심코 사용해 왔다.

이 1941년 체제에서 중요한 것은 유기형(有機型) 국토구조(國土構造)의 형성(形成), 다시 말하면 일극집중주의(一極集中主義) 정책이다. 모든 중요시설을 수도인 도쿄(東京)로 집중시키는 것이었다. 이 정책이 1960년대까지 지속되었는데 이로 말미암아 도쿄에는 교향악단이 13개나 탄생하는 넌센스도 있었다. 1941년 체제 즉 유기형 국토구조의 형성에 대한 반동(反動)이 수도 이전계획이다. 1970년 일본은 중의원과 참의원 등 국회가 중심이 되어 '국회 등의 이전에 관한 결의'를 한 이래 20년 후인 1990년 11월에 국회 등의 이른바 천도(遷都) 후보지 3개 지역을 고시한 후 다시 12년 간 연구와 비교 검토를 한 끝에 2002년 5월에는 실제로 모든 천도 계획을 백지화하고 말았다.

필자는 일본 국회에 설치되어 있는 수도 이전에 관한 간담회의 회의록을 읽어 본 일이 있다. 회의록에서 내가 감지한 것은 일본의 천도계획이 기능의 집중이니 뭐니 하는 것은 학술상이거나 표면상의 이유이고 실질상의 이유는 지진 문제였다. 그들은 이렇게 말한다. 1923년 관동대진재(關東大震災) 때 동경 시내 주유소는 수십 개소에 불과했다. '70～'80년대 동경시내에는 10수만 개소의 주유소가 있다. 만약 지금 1923년 수준의 지진이 온다면 동경은 완전 잿더미가 될 것이란 판단 때문이다. 천도 문제를 완전 백지화하는데는 도쿄도(東京都)의 반대가 표면상 이유인 것처럼 보이나 실은 이를 강행했을 때 발생하는 잡다한 부작용과 상상 이상의 혼란을 염려했기 때문이라 볼 수 있다.

이상에서 본 바와 같이 수도를 어디로 옮기든 정치, 경제 및 행정 구조가 중앙정부에 방대한 권한이 집중되어 있는 한 과밀상태를 면하기는 어렵다. 신 행정수도 이전 문제가 어떤 대의명분이나 미사여구(美辭麗句)로 단장을 했다 해도 대다수 국민들이 반대하는 현실을 감안할 때 결코 현명한 시책이라고는 생각할 수가 없다. 차라리 그 돈이 있으면 경제 살리기나 국가 안보를 튼튼히 하는데 썼으면 하는 생각이다.

끝으로 『역사의 연구』에서 세계적 석학 아놀드 토인비가 말하고 있는 수도의 입지 문제를 참고로 기록해 본다.

- 중국의 명(明)나라는 북방 야만족을 추방하고 진정한 중국인 정권을 복구시킨 표시로서 '쿠비라이'의 수도 북경(北京)을 버리고 남경(南京)으로 천도했다.

- 중국의 북경은 만주 민족의 진격로를 제압하는 지점이고, 남경은 서구(西歐)의 군함이 양자강을 거쳐 중국의 중심부로 침입하는 길목을 제압하는 지점이다.

- 1912년 인도의 수도가 캘거타에서 델리로 옮긴 것은 델리는 인더스강과 갠지스강의 중간에 위치함으로서 이슬람교 문화와 힌두 문화권의 경계에 있을 뿐 아니라 북서지방 유라시아의 침입을 방지하는 최적의 지점이기 때문이다.

- 1918년 소련이 레닌그라드에서 모스크바로 수도를 이전한 것은 국방상의 이유와 행정의 능률을 위해서였다.

- 유럽의 파리와 런던은 세느강과 템즈강을 거슬러 올라오는 바이킹족의 침입을 방어하기 좋은 위치란 점에서 각각 수도가 되었다.

2_ 두 개의 행정수도론

-1970년대와 2000년대-

손정목_ 서울시립대학교 명예초빙 교수

1. 1970년대 행정수도론 전말

1) '70년대 행정수도론의 전개

1955년에 157만 명이었던 서울의 인구수는 1963년에 300만 명을 넘었다. 7년 동안에 2배가 된 것이다. '62년부터 시작된 경제개발 5개년 계획으로 국내의 경제활동이 활발해짐에 따라 서울시내의 교통인구도 크게 늘어나 버스정류장마다 몰려든 인파로 장사진을 이루었다. 교통난 만이 문제가 아니었다. 주택난, 상수도 급수난, 쓰레기 처리, 각종 범죄 등등 여러 가지 문제가 쌓여가고 있었다.

서울에의 인구집중 방지책이 시작된 것은 1960년대 후반부터의 일이다. 수도 서울에 너무 많은 인구가 집중하면 국토의 균형발전이라는 면에서 결코 좋지 않을 뿐만 아니라 만약에 제2의 6·25사변 같은 일이 다시 일어나면 많은 인구를 거느리고 전쟁을 치를 수는 없다는 절실한 요구가 있었다.

박정희 정권은 엄청난 독재 권력을 휘둘렀다. 1962년 5월부터 1979년 10월까지의 17년 5개월 동안, 박정희라는 인물은 마음만 먹으면 못하는 일이 없는 절대 권력자였지만 그에게도 못한 일 두 가지가 있었다. 하나는 물가(인플레이션)를 잡는 일이었고, 또 하나는 서울 인구집중을 방지하는 일이었다. 그가 아무리 무소불위(無所不爲)의 독재자였기는 하나 국민 모두가 가진 거주이전의 자유, 직업선택의 자유까지 박탈할 수는 없었던 것이다.

박 대통령의 서울인구 집중방지책은 1960년대 후반기부터의 강한 의지의 표현이었다. 그러나 1970년대 전반기 즉 1975년 초까지의 의지는 강북인구 억제책이었다. "한강 이북에 많은 인구가 모여 살게 되면 그 인구를 가지고 전쟁을 수행할 수가 없다. 그러므로 강북거주 인구 중 많은 부분이 강남에 이주하기를 바란다."는 것이었다.

그런데 박 대통령의 그와 같은 의지는 '75년 4월 경부터 "비단 강북만이 아니라 서울 및 수도권인구 전체가 억제되어야 한다."는 것으로 바뀌게 된다. 그의 생각이 그렇게 바꿔진 데는 두 가지 이유가 있었다.

첫째가 공산화의 도미노현상이었고, 둘째가 이북이 보유하게 된 장기리포(미사일)의 사정거리였다. 속칭 인도차이나반도를 형성하는 크메르, 베트남, 라오스의 3개 나라가 채 한 달도 안되는 기간에 연거푸 공산화되어버린 것은 '75년 4월에서 5월에 일어났다. "한 나라가 공산화되면 이웃 나라들이 연달아 공산화 된다."는 이른바 도미노이론이 실제로 일어난 것이다. 이 도미노현상으로 가장 충격을 받은 사람은 바로 박정희 대통령이었다.

그의 그와 같은 걱정에 한 가지가 더 붙었다. 북쪽이 개발해서 보유하고 있다는 장거리포였다. 사정거리가 200킬로미터를 넘는다고 했다. 휴전선에서 그것을 쏘면 수도권 전역은 물론 대전지역까지도 잿더미가 될 수가 있었다. 어떻게 대응할 것인가를 고민하고 고민한 끝에 근본대책 두 가지 정도를 생각해내었다.

첫째는 서울시 남쪽에 북(北)이 보유한 장거리포 안전지대를 찾아 빠른 시일 내에 정부 제2청사를 지어 기획·경제부처를 옮기도록 한다는 것이었다.

과천면 문원리에 정부 제2청사를 짓고 그 일대에 신도시를 건설한다는 박 대통령 결심은 1977년 중에 세워졌으며 정부청사를 관리하는 총무처장관과 신도시 건설 업무를 관장하는 건설부장관에게 지시되었다. 과천(果川) 땅에 정부 제2청사가 건설되어 업무가 시작된 것은 1982년 6

월부터의 일이었다. 정부 제2청사 건설과 아울러 그 주변일대를 개발하여 신도시를 조성하는 사업도 동시에 진행되었다.

2) 임시행정수도 건설의 준비작업

박 대통령이 임시행정수도를 만들겠다고 밝힌 것은 1977년 2월 10일 오전에 있은 서울특별시 연두순시 석상에서였다. 당시에 나는 서울시 간부(공무원교육원장)로서 그 자리에 배석하고 있었다. 당시의 속기록 중 일부를 옮기면 아래와 같다.

> 서울에서 한 시간 또는 길어도 한 시간 반 정도면 오고 가고 할 수 있는 그러한 범위 내에서 인구 몇 십만 정도되는 새로운 수도를 만들자는 생각이다. 서울에서 새 수도로 옮기는 인구는 그렇게 많지 않을지 모르지만 새로 행정수도가 앉음으로써 서울에 전입하는 인구를 한쪽에서 잡아당기고 억제하는 데에는 상당히 큰 역할을 하게 될 것이고 또 많은 인구를 그쪽으로 유도할 수 있게 될 것이다.
>
> …… (중략)
>
> 서울은 서울대로 그대로 두되 중요한 행정기관과 기타 거기에 꼭 따라가야 될 기관을 이전하자는 것이다. 중요한 문제는 인구소산이고 또 휴전선에서 너무 접근되어 있으므로 이에 대비해서 통일이 될 때까지는 임시로 옮기자는 것이다.……
>
> (이하생략)

위의 글에서 명백히 알 수 있는 것은 당시 박 대통령이 구상했던 행정수도라는 것은,

첫째, "서울은 서울대로 그대로 두되 중요한 행정기관과 기타 거기에 꼭 따라가야 될 기관만을 이전한다."는 것이었다. 즉 입법기관이나 사법기관은 당연히 서울에 그대로 둔다는 생각이었다. 둘째, 어디까지나 휴전선에서의 접근문제이고 적(敵)의 공격에 대비하자는 것이었으므로 '통일이 될 때까지의 임시조치'였다. 그러므로 그것은 임시행정수도였고 통일이 되면 서울로의 복귀를 전제로 하고 있었다.

공식발표가 있은 지 2개월이 지난 1977년 3월 7일에 행정수도 건설에 관한 구체적 사항이 지시되었다.

다음과 같은 내용이었다.

- 새 수도의 건설은 아무리 빨라도 앞으로 10년 혹은 그 이상이 걸릴 것이며 이를 조금도 무리하게 하거나 조급히 서두를 생각은 없다.
- 행정수도 건설의 방법은 먼저 백지계획부터 수립한다. 백지계획의 작성기간은 2년 정도로 하되 청와대에서 직접 담당한다.
- 수도의 이전은 예산이 허용하는 범위 내에서 하나씩 하나씩 수행한다.
- 백지계획 수립업무는 중화학공업기획단장 책임 하에 추진토록 하라.

임시행정수도 건설 백지계획이라는 것은 건축, 토목, 도시계획 등 각 분야를 대표하는 권위자 약 20명이 전체 또는 분야별로 모여 각각의 의견을 개진함으로써 점차 결론으로 몰고가는 형식으로 추진되었다. 일주일에 두어 번씩 모여 4,5,6월의 3개월 정도가 지나니 어느 정도의 윤곽이 형성되고 있었다.

임시행정수도 건설을 위한 특별조치법이 제정, 공포된 것은 1977년 7월 23일자 법률 제3007호였다. 지역의 지정, 기준지가 고시, 각종 행위의 규제 등 8개의 조문으로 규정되어 있었다.

'서울에서 한 시간 반 내지 두 시간, 경부선 철도에서 30분 이내, 휴전선에서 평양까지의 거리와 맞먹는 거리' 등의 여건이 주어진 상태 하에서의 백지계획이라는 것은 처음부터 별로 의미가 없는 것이었다. 면적·인구·산업 등 국토의 세 가지 중심에서 반경 80km를 넘지 않는 지역, 그리고 너무 표고가 높아서도 안 되고 가파른 경사도를 지녀서도 안되며 취수, 배수에도 편리해야 하는 등등의 조건이 나열되면서 충청남·북도 중에서 우선 10개 지역이 선정되었고 논의가 거듭되고 현지답사를 해가면서 10개 지역이 3개로 압축되었다. 천원지구, 논산지구, 장기지구의 3개였다. 그리고 그 3개 지구 중에서 결국 장기지구가 적지로 떠올랐다. 공주군 장기면(長岐面)을 중심으로 하는 일대의 땅이었으며 그 가용면적을 재었더니 6,400ha(약 1,920만 평)이었다. 그 후의 모든 그림은 장기지구라고 하는 실제의 지도 위에 그려지게 된다.

1977년 10월 19일에서 22일까지의 4일 간에 KIST내 국제회의장에서 국제세미나가 개최되었다. 청와대 중화학기획단 관계자 외에 주제발표자(12명), 토론참가자(23명)만이 참가한 조촐한 세미나였다. 77년 4월 이후 9월 말에 이르는 청와대 중화학기획단의 작업을 평가하고 앞으로의 방향을 논의하였다.

1977년 10월 국제세미나 이후의 작업은 KIST 지역개발연구센터로 옮겨간다. KIST가 청와대 중화학기획단으로부터 용역을 받은 형식의 작업이었다. 지역개발연구센터의 장은 지난 날 건설부에서 과장을 지내고 미국 버클리대학에서 박사학위를 한 황용주(黃鏞周)였으며 그 휘하에 강홍빈, 권용용, 황기원 등 주로 미국의 저명대학에서 건축, 도시계획, 조경 등을 연구한 젊은이 열다섯 명 정도가 규합되었다. 각 부처에서 청와대

중화학기획단에 파견되어 있던 중견관료들도 KIST의 작업장에 합류하여 지시, 독려, 토론으로 밤을 세워가며 일을 했다고 한다.

황용주·강홍빈 팀에 의해서 작성된 「행정수도 건설을 위한 종합보고서」가 박 대통령께 제출되고 그 요약본이 보고된 것은 1979년 5월 14일이었다. 총 면적 8,600ha이며, 2000년에 인구 100만 명을 수용하게 될 행정수도 건설에 소요되는 기간은 1982년에서 96년까지의 15년 간이며 총 투자비용은 1978년 불변가격으로 5조 5,421억 원이었다. 건설비용의 25%에 해당하는 1조 4,046억 원이 '82~'86년의 5년간에 투자되도록 계획되어 있었다.

KIST에서 계획한 내용은 기본계획치고는 정말 충실한 내용이었다. 그리고 1982년부터 건설에 착수하려면 80,81년에는 실시계획 단계에 들어가야 했다. 그러나 박 대통령은 "실시계획을 세우라"는 지시는 내리지 않았다. 여전히 "기본계획을 더 깊이 검토하고 보완할 것"을 지시하였다.

1979년의 상태는 분명히 행정수도 건설을 추진할 그런 상황이 아니었다. 제2차 석유파동으로 국내경기가 매우 악화된 상태에 있었고 YH사건 등으로 사회사정도 매우 어수선한 상태에 있었다. 가을 바람이 불면서 부마(釜馬)사태가 일어나고 그것이 채 끝나기도 전인 10월 26일에 박정희 대통령 시해사건이 일어났으며 전국에 비상계엄령이 선포되었다. 박 대통령이 운명하면서 그의 임시행정수도 구상도 종말을 고하게 된다.

2. 선거공약이 천도론으로 굳어지기까지

1) 노무현 정권의 수도이전계획

2002년 9월 30일, 당시 민주당 노무현 대통령 후보는 중앙선거대책위원회 출범식에서 행정수도 이전을 대선공약으로 내걸었다. 수도권집중억제와 낙후된 지역경제를 근본적으로 해결하기 위해 대통령이 되면 청와대와 정부부처를 충청권으로 옮기겠다고 선언한 것이다.

이때는 이전대상으로 청와대와 중앙부처만 거론되었다. 그러나 그해 11월 19일에 발표된 「민주당의 20대 정책목표 150대 핵심과제」에서는 입법부인 국회도 옮길 것임을 분명히 밝혔다. 사법부가 빠진데 대해 당시 민주당 관계자들은 '신행정수도는 입법부와 사법부를 포괄하는 개념'이라고 했다. 사실상의 천도를 시사한 것이다.

그럼에도 불구하고 당초엔 이 문제가 크게 주목을 끌지 못했다. 민주당은 노 후보의 공약을 신행정수도 건설이라고 했고 "과천처럼 행정기관이 옮겨가는 수준이고 서울의 수준은 크게 달라지지 않는다."고 했다. 그래서 입법부와 사법부가 옮겨가느냐의 문제도 쟁점이 되지 않았고 서울시민은 물론 그 밖의 수도권 주민들도 크게 관심을 쏟는 사람이 없었다.

발표 직후만 하더라도 큰 주목을 받지 못했던 행정수도론은 대선 막바지가 되면서 가장 큰 이슈로 부상한다. 노 후보가 후보단일화를 성공시키고 충청권에서는 수도이전에 대한 기대심리가 높아지면서 이곳 표가 노 후보에게 쏠렸기 때문이다. 한나라당은 뒤늦게 그 심각성을 인식하고 "수도를 옮기면 수도권의 집값, 땅값이 폭락한다."고 이를 쟁점화하고 나섰다. 수도권 일부 유권자층에 동요하는 기미가 보이자 노 후보는 국민투표에 붙이겠다는 약속으로 분위기를 달래어 나갔다. 충청권표의 절대적

지지도 한 원인이 되어 노무현 후보는 아슬아슬한 표차로 당선되었다.

노 대통령은 집권을 하자 본격적으로 수도이전을 추진하기 시작한다. 2003년 4월 14일 청와대에서는 신행정수도건설추진기획단이 발족되었다. 건설교통부에는 기획단을 실무적으로 뒷받침하는 지원단이 생겼다. 행정수도건설특별법 초안은 2003년 6월에 지원단에 의해 작성되었다.

입법부와 사법부의 동반이전 문제는 2003년 8월 신행정수도 이전 대상기관 선정을 주제로 한 공청회에서 구체적으로 제기되었다. 공청회 발표를 위해 연구용역을 맡았던 한국행정연구원은 국회와 법원이 스스로 결정할 사안이라는 것을 전제로 "행정의 완결성을 고려해 함께 옮기는 것이 좋겠다."는 의견을 내었다. 이는 같은 해 10월 15일 확정된 정부의 특별법 초안에 그대로 반영되었다.

신행정수도의 건설을 위한 특별조치법은 2003년 12월 29일 국회 본회의를 통과했다. 여야 정치권이 17대 총선을 앞두고 서로 충청권의 표를 의식했기 때문에 법안은 무난하게 처리되었다. 당시 비록 야당이었기는 하나 국회 내 다수의석을 점하고 있었던 한나라당이 특별법 통과를 쉽게 결정해 버린 것은 훗날 두고두고 후회할 큰 실책이었다. 이 법안이 쉽게 처리됨으로써 그 동안 여러 번 되풀이되었던 노 대통령의 국민투표 약속도 그냥 묻혀버렸다. 한나라당이 문제삼지 않고 법안을 쉽게 통과시킨 때문이었다.

그 후 수도이전은 일사천리로 진행되고 있다. 특별법이 통과되자 곧바로 신행정수도건설추진위원회가 발족되었다. 도시기본계획과 대상기관의 윤곽도 나왔다. 6월 8일 정부는 국회도서관, 중앙선거관리위원회, 사법연수원 등 이전대상기관을 구체적으로 발표했다. 이어 7월 5일에는 충남 공주·연기지구를 수도예정지로 선정해 발표했다. 공교롭게도 수도예정지로 지정된 공주·연기지구라는 것은 1970년대 임시행정수도 건설후보지로 선정되었던 장기지구와 그 내용에 있어서 동일하다는 합치점을 지니고 있다.

몇몇 언론기관을 중심으로 하여 거의 매일처럼 국민의 합의 없는 수도이전 부당성이 지적, 보도되자 노 대통령은,

"정권의 명운을 걸고 추진하겠다. 반대하는 것은 대통령을 불신임하자는 것."이라고 말했다.

그러자 반대세력도 달라졌다. 국민의 합의 없는 수도이전의 부당성 때문에 정권의 지지도는 급락하는 경향에 있다고 한다. 사회원로들에 의한 졸속추진 반대성명이 계속 발표되는가 하면 특히 서울시의회가 중심이 된 반대세력들은 특별법의 위헌여부에 대한 헌법소원을 제기했고 수도이전반대범국민운동본부도 출범시켜 전국민적 반대운동을 전개하리라고 전해지고 있다.

헌법재판소의 결정이 주목되고 있으나 정부는 헌재의 결정이 유리하게 내려질 것이라는 전제 아래

- 2005년 1월부터 대상지 토지수용 개시
- 2006년 6월 경 실시계획 수립
- 2007년 7월 경 기반공사 착수(부지조성, 도로 및 도시기반 시설 공사, 행정기관 청사 및 주택 건설)
- 2012년부터 행정부 등 중요국가기관 이전, 주민입주 개시

등의 일정을 제시하고 있다. 그리고 2030년에 인구 100만 명 규모의 신수도가 완성된다고 전망되고 있다.

2) 수도이전계획의 문제점

그렇다면 노무현 정부의 수도이전계획에는 어떤 문제점이 있는가?

첫째, 수도이전의 명분으로 국토의 균형발전을 들고 있다. 수도를 이전함으로써 고질적인 서울 및 수도권 집중 구조, 서울을 정점으로 한 서열주의를 해체할 수 있다고 하는 것이다. 얼핏 들어보면 일리가 있는 것 같지만 그것이 수도이전의 유일한 명분이고 보면 명분치고는 대단히 미약하다고 하지 않을 수 없다.

수도를 정점으로 집중구조가 형성되는 것은 세계 공통적인 현상이며 어느 나라도 예외는 없다. 그리고 한국사회에서는 이미 수도집중 구조는 그 극점을 지났다고 봐야 할 것이니 서울은 인구의 절대감소현상을 나타내고 있고 수도권집중도 크게 둔화되고 있을 뿐 아니라 전국적인 인구감소현상까지 급속히 다가오고 있다.

그래도 박 대통령 당시의 수도이전구상에는 공산화의 도미노현상이니 장거리포의 사정거리니 하는 절박한 명분이 있었다. 그럼에도 당시의 수도이전구상은 서울은 서울대로 그대로 두고 통일이 될 때까지 행정부만 임시로 옮기겠다는 것이었다.

수도란 그렇게 쉽게 옮겨지는 것도 옮기는 것도 아니다. 워싱턴, 런던, 파리, 도쿄, 베이징 등 적어도 선진국치고 수도를 옮기겠다는 나라는 없다. 88서울올림픽, 2002월드컵 등으로 이제 겨우 국제사회에서도 인정을 받게 된 수도서울을 균형발전이라는 명분 하나만으로 옮겨간다는 것은 그 타당성이 희박하다고 봐야 할 것 같다.

두 번째 문제는 그것이 국민적 합의에 도달하지 못한 대규모 국책사업이라는 점이다. 여론조사기관이 조사한 바에 의하면 국민의 50% 이상이 수도이전에 반대의견을 지닌다고 한다. 국민의 절대다수가 지지하는 국책사업이 아니면 정권이 바뀌거나 야당이 국회 내에 다수를 점하거나 하는 등의 사례가 생기면 건설계획 자체가 바뀔 수도 있고 예산이 삭감되어 사업추진에 차질을 빚을 수도 있다. 특히 우리 나라에서는 전임자불계승(前任者不繼承)의 원칙이라는 것이 있어 전임자의 시책을 후임자가 그대로 이어받지 않는다는 강한 전통이 이어지고 있다. 그러므로 국민적 합의에 도달하지 않은 대규모 국책사업이라는 것은 그 추진에 적지 않은 장애가 얼마든지 일어날 수 있다. 국민적 합의에 도달하기 위해서는 늦었더라도 국민투표 등의 절차를 밟아두는 것이 후환이 없을 것이다.

셋째는 그 건설비용이다. 대통령 선거 당시 노 후보가 주장했던 건설비 추정액은 4조에서 6조의 규모였다. 그러나 현재 건설추진위원회가 발표하고 있는 건설비용은 45조 원이고 그 중 11조 원은 정부 자체 부담, 나머지 34조 원은 민간 부담이라고 한다. 그러나 야당인 한나라당에서는 최소한 73조 원이 든다고 하고 100조 원 이상이 든다는 주장도 있다. 최근에 와서는 건설추진위원회도 물가상승 등의 요인으로 45조 원 이상이 들 수도 있다는 태도를 취하고 있다. 여하튼 엄청난 비용이 들 것이며 그것이 국가재정에 미치는 영향 또한 엄청난 것이 될 것임은 틀림없는 사실이다.

참고로 브라질은 브라질리아 건설에 소요된 비용 때문에 10여 년 간 이상이나 대단한 재정난에 시달렸다는 역사를 지니고 있다. 아마 우리 나라에서도 신수도건설을 강행하는 경우 국민재정 운영에 커다란 부담이 될 것임은 당연한 일이며 경우에 따라서는 국민경제 전반에 큰 타격을 입힐 수도 있다고 봐야 할 것이다.

넷째는 교육적 요소의 결여이다. 한 도시가 건전하게 육성되기 위해서는 우선 잡다한 고용문제가 해결되어야 하고 다음에는 교육적 요소가 갖추어져야 한다. 한 나라의 수도가 되기 위해서는 위의 두 가지 요건은 필수적인 것이다. 그런데 충청권에 건설될 신수도의 경우 고용문제는 해결될 수 있겠지만 교육 문제는 쉽게 해결될 수가 없다. 세칭 일류고등학교, 일류대학은 단시일 내에 육성될 것이 아니기 때문에 구수도인 서울에서 이전되어 갈 수밖에 다른 방법이 없다. 그러나 신수도건설추진계획의 어디에도 교육적 고려는 결여되어 있으니 결국 신행정수도라는 것도 캔버라나 브라질리아, 이웃나라 일본의 쯔꾸바와 같이 weekday city가 될 수밖에 없을 것이다.

로마가 10년 20년에 이루어지지 않았 듯이 수도는 쉽게 옮겨갈 수도 이루어질 수도 없다고 생각한다. 수도를 옮겨가겠다고 생각하는 사람은 결국 그것이 만용이었음을 언젠가 깨달을 것이다. 역사적으로 큰 잘못을 저질렀다고 생각할 날이 반드시 올 것이라고 생각하고 있다.

3_ 한성백제와 서울의 역사

한영우_ 한림대학교 교수

1. 머리말

　서울은 지금까지 600년 왕도로 알려져 왔으며, 서울특별시사편찬위원회에서 간행한 책자도 『서울 600년사』로 되어 있다. 서울의 역사를 조선왕조(朝鮮王朝) 시대의 왕도(王都)에서부터 찾을 때에는 600년사가 당연하다. 그러나 한성(漢城)시대 백제(百濟) 500년 역사를 추가할 경우에는 2천년사로 된다. 또, 고려시대 327년 간 남경(南京)의 역사도 무시할 수 없다. 한성백제와 남경의 역사가 있었기 때문에 조선왕조의 수도로 결정되었고, 조선왕조 수도의 전통 때문에 대한제국과 대한민국의 수도로 이어져 오늘에 이르게 된 것이다.

　서울은 지금 1천만 명이 넘는 인구를 포용한 아시아 굴지의 대도시로 성장했으며, 해방 후 한강의 기적으로 불리는 대한민국의 기적적인 성장을 주도했다. 그래서 7천만 한민족의 심장부로 막대한 영향력을 국내외적으로 행사하고 있다.

　오늘의 서울은 지나친 과밀화와 집중화로 국가발전에 미치는 역작용도 없지 않고, 그래서 수도이전 문제도 일어나고 있다. 그러나 빛이 있으면 반드시 그늘이 있게 마련이다. 그러므로 서울의 빛과 그늘을 균형있게 살펴보고 이에 대처하는 것이 현명한 일일 것이다.

2. 한성시대 500년 : 백제의 전성기

　서울이 자리잡고 있는 한강유역은 큰 강과 큰 산, 그리고 넓은 들판이 어우러져 옛부터 살기 좋은 고장이었다. 그래서 이곳에서 구석기, 신석기, 청동기, 그리고 초기철기문명이 일찍부터 일어나고, 그 유적들이 여러 곳에서 발견되었다.

서울 사람들은 청동기와 초기철기문명을 바탕으로 성읍국가(城邑國家)를 형성하고 마한(馬韓)의 일부로 있다가, 기원 전 1세기 경에 북쪽에서 내려온 부여족의 일파인 온조(溫祚)집단과 결합하여 새로운 연맹국가(聯盟國家)를 형성했다. 그것이 백제(百濟)다.

백제의 수도인 위례성(慰禮城)은 한강 북쪽과 남쪽에 있었으나, 주로 남쪽의 하남위례성(河南慰禮城)이 중심을 이루었던 것으로 보인다. 하북위례성과 하남위례성의 정확한 위치는 아직 확정하기 어려우나, 하북위례성이 지금의 서울시 경역을 벗어나 있지 않고, 하북위례성의 위치에 대해서는 북한산성(동국여지비고), 혜화문 밖 10리 지점의 한양동(정약용, 김정호), 세검정 일대(이병도), 중랑천 일대(최몽룡)설 등이 있다.

하남위례성도 지금의 풍납토성(風納土城), 몽촌토성(夢村土城), 그리고 하남시 이성산성(二聖山城)과 춘궁동(春宮洞) 일대가 유력한 후보지로 떠오르고 있어 서울과 밀접한 관련이 있다고 할 수 있다. 이형구 교수, 최몽룡 교수는 하남위례성을 풍납동토성으로 보고 있다. 그러나 19세기 학자 정약용(丁若鏞)은 지금의 하남시 춘궁동(당시 廣州 宮村)으로 보았고, 19세기 중엽의 홍경모(洪敬謨)는 춘궁동 옆의 이성산(二聖山)으로 보았다.

위례성은 한성으로도 불렸는데, 이곳에서 500년의 역사를 운영하는 동안 백제는 삼국 중 최강국으로서 전성기를 구가했다. 특히 3세기 중엽의 8대 임금 고이왕(古爾王) 때에는 6좌평제도와 16관등제, 관료와 임금의 복색을 정하여 관료제도를 확립하였고, 4세기 중엽의 13대 임금 근초고왕(近肖古王) 때에는 고구려의 평양을 정복하고 고국원왕(故國原王)을 전사하게 하는 등 국력이 절정에 올랐으며, 남으로 가야를 정복하여 남해 안지역을 장악하고, 일본과 중국에까지 영향력을 행사했다. 일본 천리시 석상신궁에 소장되어 있는 칠지도(七支刀)는 근초고왕이 왜왕(倭王)을 제후(諸侯)로 보고 하사한 칼로 알려지고 있다. 중국의 요서지방과 월주지방 등지에 백제군(百濟郡)이 설치되어 있었다는 중국측 기록들을 볼 때, 백제의 대외무역활동이 얼마나 활발했는지를 알 수 있다.

백제의 역사책인 『서기』(書記)가 편찬된 것도 바로 근초고왕 때이며, 한산(漢山)으로 이도(移都)한 것도 이때이다. 근초고왕에 이어 4세기 말 15대 임금 침류왕(枕流王) 때에는 불교가 공인되고(384), 사찰이 세워져 백제문화가 불교문화로 한 단계 비약하는 계기가 되었다.

한성시대의 백제 왕궁은 상당한 호화스러움을 보여 주었던 것 같다. 4세기 말 16대 임금 진사왕(辰斯王) 때에는 천지조산(穿地造山)하여 신기한 꽃과 새들을 길렀다고 하는데, 인공적으로 연못을 파고 산을 만든 곳이 어디인지는 알 수 없다. 또 왕성의 서문 밖에는 사대(射臺)가 있어서 수시로 군사들이 활쏘기를 익혔으며, 군대사열을 크게 행하기도 했다.

그러나 전성기를 구가하던 백제는 4세기 말 이후로 고구려에서 광개토왕(廣開土王)과 장수왕(長壽王)이 등장하여 강력한 남진정책을 쓰면서 점차 그 힘에 밀리기 시작했다. 이때 백제는 일본과 적극적인 동맹정책을 쓰기 시작하여 왕자들이 일본에 가 있다가 왕위를 계승하는 전통이 생겨났다.

한성백제가 가장 곤경에 처한 것은 5세기 중엽의 21대 임금 개로왕(蓋鹵王) 때였다. 강력한 남진정책을 쓰고 있던 장수왕은 백제를 군사적으로 공격하기 전에 내부붕괴를 유도하기 위해 승려 도림(道琳)을 간첩으로 보내 개로왕으로 하여금 대대적인 토목공사를 하도록 부추겼다. 도림의 말에 혹한 개로왕은 토성(土城), 궁실(宮室), 루각(樓閣), 대사(臺榭) 등을 장려(壯麗)하게 짓고, 욱리하에서 큰돌을 가져다가 석곽(石槨)을 만들고 부왕을 매장했다. 지금 석촌동과 방이동에 남아 있는 거대한 백제고분의 일부가 아마 이때 조성된 것이 아닐까 생각된다.

개로왕의 무리한 토목공사로 국고가 허갈되고 민생이 도탄에 빠져 나라가 누란의 위기에 처했는데, 이때를 이용하여 장수왕은 개로왕 21년(475)에 3만 명의 군대를 이끌고 백제공격에 나섰다. 그리하여 7일만에 북성(北城)을 함락하고, 이어 남성(南城)을 함락시켜 개로왕을 잡아다가 아차산성(阿且山城)으로 끌고 가 죽였다.

이에 개로왕의 아들 문주왕(文周王)은 475년에 부득이 도읍을 웅진(熊津, 공주)으로 옮기지 않으면 안되었는데, 그로부터 60여년이 지난 538년(성왕 16)에 다시 사비(泗沘, 부여)로 천도(遷都)하지 않으면 안되었다. 그러나 사비백제도 122년을 넘기지 못하고 660년에 문을 닫고 말았다.

백제멸망을 놓고 김부식(金富軾)의 『삼국사기』(三國史記)는 백제인의 도덕적 결함을 멸망이유로 들었으나, 조선후기 대학자 다산(茶山) 정약용(丁若鏞)은 단연코 이를 부정하고, 천혜의 요새지인 한성(漢城)을 포기한 천도를 백제멸망의 최대 원인으로 해석했다. 웅진과 사비는 수도로서의 적합성이 한성에 비교할 수 없다는 것이다. 수도의 지정학적 위치가 국가의 흥망에 얼마나 큰 영향을 주는지, 그리고 한성의 입지조건이 얼마나 좋은지를 다산은 예리하게 간파하고 있었던 것이다.

3. 327년 간 고려의 남경(南京) ― 한성의 부활

백제가 한성을 포기하고 남천(南遷)한 뒤 한성지역은 고구려, 백제, 신라가 치열한 쟁탈전을 벌이다가 마침내 6세기 중엽에 진흥왕(眞興王)의 신라 수중에 들어가고, 신라는 이 지역 장악을 계기로 7세기 중엽에 삼국통일의 위업을 달성했다. 한강을 장악하는 나라가 한반도를 장악한다는 교훈을 보여 주었다.

통일신라시대에 하북(河北) 한성(漢城)은 한양군(漢陽郡)이 되고, 하남(河南) 한성(漢城)은 한주(漢州)로 되었는데, 한양군은 한주에 속했다. 하북보다 하남의 위상이 더 높았다.

고려에 들어오면서 점차로 하남 한주보다 하북 한양군의 위상이 높아지기 시작했다. 수도 개경을 가장 가까운 남방에서 받쳐주는 도시로 주목을 받은 것이다. 이름도 양주(楊州)로 바뀌었다. 왕건(王建)은 투항해 온 후백제왕 견훤(甄萱)에게 양주를 식읍(食邑)으로 주어 우대했다. 저 옛날 백제의 수도였다는 점도 고려되었던 것 같다.

10세기 말 성종(成宗) 대에 이르러 양주는 12목(牧)의 하나로 승격되고, 여기에 좌신책군(左神策軍)을 두어 우신책군(右神策軍)을 둔 해주(海州)와 더불어 개경을 좌우에서 방어하는 2보(輔)의 하나로 삼았다. 말하자면 양주가 정치, 군사적으로 광역수도권에 포함된 것이다. 성종 때에는 신라의 수도였던 경주를 동경(東京)으로 승격시키기도 했는데, 태조 때 평양을 서경(西京)으로 승격시킨 정책과 아울러, 고려가 옛 삼국의 수도를 우대포용하여 민족통일의 밀도를 높이려는 의도가 작용한 것으로 보인다. 이렇게 고려의 건국과 더불어 개경의 남방도시로 주목받던 양주는 11세기 중엽 11대 임금 문종(文宗) 21년(1067)에 이르러 목(牧)에서 남경(南京)으로 승격되고, 재상급인 유수관(留守官)이 파견되었다. 이로써 양주는 서경 및 동경과 어깨를 나란히 하는 동급의 부수도가 된 것이다. 문종은 남경에 궁궐, 루정(樓亭), 원유(苑囿) 등을 건설하고 주변 군현의 인구를 이주시켰다.

문종 때 남경으로 승격된 양주는 11세기 말~12세기 초 15대 임금 숙종 때에 이르러 천도까지 내다보는 또 한단계 비약이 이루어졌다. 특히 도선(道詵)의 후계자임을 자처하는 술사(術士) 김위제(金謂磾) 등이 앞장서서 한양명당설을 제시하고, 김위제는 『삼각산명당기』, 『신지비사』 등을 인용하여 한양명당설을 주장하고 있는데, 한양을 둘러싼 산들은 삼각산을 진산으로 하여 조산, 할머니산, 아저씨산, 아버지산, 어머니산, 좌청룡(낙산), 우백호(인왕산) 등이 한양을 수호하고 있으며, 그밖에 면악〔面岳,-(白嶽, 중앙), (紺嶽, 북), (冠岳, 남), (南行山, 동), (北嶽, 서)〕이 오덕구(五德丘)를 형성하고 있다 한다.

이곳으로 도읍을 옮기면 36국 혹은 70국이 조공을 바치고, 한강의 어룡이 사해로 뻗어나가고, 사해의 신어(神魚)들이 한강으로 모여들고, 국내외 상객(商客)들이 보배를 갖다 바치는 나라가 될 것이라고 주장했다. 말하자면 고려가 세계의 중심국가로 부상하는 명당이 된다는 것이다.

김위제는 또 서경과 개경, 그리고 남경을 저울에 비유하여, 서경은 저울의 접시, 개경은 저울대, 남경은 저울추에 해당한다고 하여 이 세 가지를 갖추어야 국토가 균형을 이룬다고 했다.

김위제 등의 주장에 따라 숙종 6년(1101)에 남경개창도감(南京開創都監)을 설치하고 윤관(尹瓘) 등을 남경에 보내 남경의 경역을 확정하고, 궁궐 등을 새로 지었으며, 숙종 때 지은 궁궐은 지금의 청와대 자리로 보고 있다.(이병도)

남경 주변의 여러 군현들을 남경에 예속시켰다. 그리고 나서 숙종은 몇 개월 간 남경에 순주(巡駐)했다가 돌아왔다.

이처럼 남경이 고려 중기에 크게 주목된 것은 풍수지리설의 영향도 컸지만, 그 이면에는 광주(廣州)의 왕규(王規, 왕건의 장인), 파주(坡州)의 윤관, 금천(衿川)의 강감찬(姜邯贊), 인천(仁州)의 이자연(李子淵), 이천(利川)의 서희(徐熙) 등 중요한 정치세력이 한강 연안에서 꾸준히 성장한 사실과도 깊은 관련이 있어 보인다.

그러나 남경명당설은 심각한 자기모순에 부딛쳤다. 즉 한양의 주인공은 왕 씨가 아닌 이 씨가 된다는 참설(讖說) 때문이었다. 여기서 이 씨 주인설(主人說)의 근원은 오행(五行)의 상생설(相生說)에 있었다. 즉 고려는 수덕(水德)을 칭한 왕조이므로 그 다음에는 목덕(木德)을 가진 목자(木子) 즉 이 씨(李氏)에게로 천명(天命)이 돌아간다는 것이었다. 그래서 고려는 이곳에 오얏나무를 심고 이 씨를 윤(尹)으로 삼되 용봉장(龍鳳帳)을 매장하여 이 씨의 기(氣)를 누르려고 했다. (유본예, 『한경지략』, 연혁조.)

한양명당설의 자기모순 때문에 역대 임금들은 남경에 순주했다가 되돌아오기를 반복했는데, 특히 공민왕은 남경에 도읍하면 36국이 내조(來朝)한다는 승려 보허(普虛)의 말을 깊이 믿어 성곽과 궁궐을 다시 짓고 한때 천도하기도 했다. 그후 우왕 8년과 공양왕 2년에도 또다시 천도가 이루어졌다가 다시 돌아왔다.

공민왕 이후로 민심도 크게 동요하여 한양으로 짐을 싸들고 이사하는 사람들이 시장을 이룰 정도였는데, 이를 국가에서 막을 수 없는 지경이었다고 한다. 이미 민심은 개경을 떠나 한양으로, 왕 씨를 떠나 이 씨로 향하고 있었던 것이다.

4. 519년 조선과 대한제국의 수도

1) 태조의 한양천도와 도시건설

한양이 국가중흥의 명당으로서 이 씨가 주인이 된다는 민중의 믿음은 결국 이성계에 의해 달성되었다. 태조가 한양천도에 가장 적극적이었던 것도 이해할 만하다. 이미 한양에는 남경시절에 건설한 궁궐이나 유수부(留守府)의 관아 등이 있었으므로 태조는 3년(1394) 10월 28일에 일단 천도한 후 도시정비에 들어갔다.

태조 때 건설된 주요시설은 도성이다. 도성의 길이는 약 40리로서 태조 5년에 20만 명의 8도 민정(民丁)을 동원하여 구역별로 나누어 건설했다. 그후 태종~세종대에 다시 수리하여 일부 토성을 석성으로 바꾸었다.

경복궁(景福宮)은 태조 4년 9월에 준공하여 12월에 입궐했다. 경복궁은 정남향으로 지은 것이 아니고, 임좌향병(壬坐向丙) 즉 서북과 동남방을 축으로 했다. 이는 안산인 남산(南山, 목멱산)을 바라보고 지었기 때문이다.

종묘(宗廟), 사직(社稷), 관아(官衙), 원구단(圜丘壇, 하늘에 제사지내던 곳) 등 주요시설을 건립하였으며, 행정구역인 5부(部) 52방(坊)은 도성 안과 밖을 포괄했으며, 도성 밖 10리를 성저십리(城底十里)라 하여 한성부의 관할 하에 두었다. 방 밑에는 비(比, 五家)와 리(里, 100家)를 두었는데, 조선후기에는 비와 리 대신에 330개 전후의 계(契)와 동(洞)으로 하였다.

그리고 한양을 한성부로 고치고, 판윤(判尹)을 두어 그 책임을 맡게 했다. 처음에는 한성부의 책임자를 정2품의 판사(判事) 혹은 판부사(判府事)로 했다가 예종 원년부터 판윤으로 바꾸었다.

도시계획을 주도한 것은 정도전(鄭道傳)으로서, 『주례』(周禮)「고공기」(考工記)의 '전조후시 좌묘우사'(前朝後市, 左廟右社)의 원칙을 따르되 조선의 현실에 맞추어 변용했다. 한성의 도시구조는 개경과 비교하여 중성(重城)이 없고, 왕궁이 산비탈에서 평지로 내려온 것이 특히 다르다.

태종 때(5년)에는 창덕궁(昌德宮)을 창건하고, 지금의 청계천을 대대적으로 준설하여 개천(開川)이라고 호칭하고 목교(木橋)와 토교(土橋)를 견고한 석교(石橋)로 바꾸었다. 개천을 공사하는데 하삼도(下三道) 장정 약 5만 명이 동원되었다.

또 한성부의 중심인 종로에 800여 칸의 시전행랑(市廛行廊)을 건설하고, 시가지의 도로를 대로, 중로, 소로로 나누어 확정했다. 도로의 폭은 『주례』에서 천자는 9궤(軌), 제후는 7궤를 따른다는 원칙에 의해 대로를 7궤로 정했는데, 이는 일곱 개의 수레가 동시에 지날 수 있는 폭을 말한다. 이를 미터로 환산하면 대략 17미터 48센티다. 중로는 2궤(약 5미터), 소로는 1궤로 약 3미터다.

성종 때(9년)에는 대비들의 처소(處所)가 부족한 것을 고려하여 창경궁(昌慶宮)을 건설했다. 이로써 서울에는 중요한 궁전이 세 개 들어서게 되었고, 왕은 이 세 궁을 왕래하면서 시어소(時御所)로 삼았다.

조선전기 한성부의 인구는 대략 10만 명 정도였는데, 문무관원, 기술관, 시전상인, 수공업자, 노비들로 구성되었다. 무당이나 승려 등은 도성 안에 거주하지 못했다. 그리고 도성 밖 일정구역에는 사산금표(四山禁標)를 세워 나무채취나 무덤을 쓰지 못하게 입산을 금지시켰다.

2) 왜란 후 궁궐복원과 서울 실학(實學)의 발생

1592년에 발발한 임진왜란은 서울의 도시환경에 중요한 변화를 가져

오는 계기가 되었다. 무엇보다 왜란 중에 궁궐이 모두 난민들에 의해 소실되고, 주요관아와 종묘도 훼손되었다. 비단 건물만이 아니라 그 안에 소장되었던 귀중한 서적들, 예컨대 춘추관(春秋館)에 보관되었던 『실록』이나 『의궤』, 그리고 각 관청에 보관되었던 서책, 어진(御眞), 보완(寶玩) 등이 모두 소실된 것은 회복할 수 없는 손실이었다.

1593년 10월 의주에서 돌아온 선조는 지금 덕수궁 자리에 있던 종친의 집을 빌어 시어소로 삼고, 그 주변의 양반집과 민가들을 빌어 종묘와 관아로 이용했다. 그후 창덕궁과 창경궁을 먼저 복원하여 광해군 때에 완성하고, 이어 경덕궁(慶德宮, 뒤의 慶熙宮), 인경궁(仁慶宮), 자수궁(慈壽宮) 등도 새로 건설했으나, 인조대에 경덕궁을 남기고 모두 철훼시켰다. 경복궁은 풍수상 불길하다는 이유로 복원하지 않았기 때문에 조선후기의 시어소는 창덕궁과 창경궁이 중심이었다.

조선후기 궁궐은 민국(民國)을 지향하는 사상계의 변동에 발맞추어 점차로 서민적인 궁궐로 변해 갔으며, 학문의 발달에 따라 궁궐 안에 도서관과 학문연구소가 많이 들어섰다. 창덕궁 후원에 많은 정자와 양잠소 등이 세워지고, 사대부집을 모방한 집과 일반농민의 초가가 들어선 것은 이러한 추세를 반영하는 궁궐의 변화이다.

특히 왕조의 중흥을 가져온 정조대 이후로 창덕궁 안에 규장각과 각종 부속기관들이 건설된 것은 특기할 만하다. 그리고 창경궁의 홍화문은 임금이 한성 방민을 수시로 만나서 여론을 듣고 쌀을 하사하는 '민의의 광장'이 되었다. 영조대 균역법(均役法)도 여기서 민의를 청취하여 이루어졌다.

조선후기 궁궐문화를 선도한 것은 사실은 서울의 사대부들이었다. 17세기 초부터 창덕궁 옆의 침유대(枕流臺)에는 장안의 문인들이 모여들어 새로운 문화를 선도하는 그룹을 형성했다. 이들을 침류대학사(枕流臺學士) 혹은 성시산림(城市山林)이라고 부른다. 이들은 출세위주의 성리학을 허학(虛學)으로 비판하고, 수기치인(修己治人)과 국리민복의 실효를 거둘 수 있는 '진정한 성리학'을 창도했다. 그것이 바로 실학(實學)이다. 허균, 유몽인, 이수광, 한백겸 등이 이 그룹에서 나온 것이다. 이들은 성리학을 정학(正學)으로 인정하면서 동시에 불교(佛敎), 도교(道敎), 천주교(天主敎), 양명학(陽明學)도 수기(修己)에 도움이 되는 종교로 인정하여 포용하는 자세를 취했다.

서울에서 시작된 실학은 그후 한강을 건너 남진하여 18세기에는 광주, 양주, 안산, 수원 등지에서 이익(李瀷), 안정복(安鼎福), 우하영, 정약용 등과 같은 대학자를 낳게 한 것이다.

3) 조선후기 서울의 상업도시화

조선후기 사회경제적 변화는 행정도시이자 양반도시인 서울을 상업도시, 서민도시로 바꾸는 계기가 되었다. 대동법(大同法) 실시와 상품화폐경제의 발달은 전국적인 계층분화를 가져 오고, 농촌에서 이탈한 유민(流民)들이 서울로 모여들었다. 서울 인구는 20만 내지 30만 명을 헤아리는 규모로 커졌다. 이 늘어난 인구는 대부분 양반이 아닌 상인, 노동자, 수공업자, 연예인 등 서민층이었다. 이들은 모두 도성 안으로 들어온 것이 아니고, 도성 밖에 신촌(新村)을 형성하고 살았다.

서울 인구가 많아지자 이들을 대상으로 한 시장이 곳곳에 세워졌다. 특히 한강을 끼고 장사하는 경강상업(京江商業)이 발달하여 한강가에는 공암(孔巖), 마포, 서강, 반포, 두모포(豆毛浦) 등 많은 포구와 마을이 새로 생겨났다. 17세기 전반 30여 개의 시전(市廛)이 18세기 말에는 120여

개로 늘어나면서 시전상인도 많아지고, 칠패(七牌, 서울역 부근), 이현(梨峴, 동대문 부근) 등 곳곳에 난전(亂廛)이 생기면서 난전상인(亂廛商人), 공인(貢人), 중도아(中都兒) 등 여러 종류의 상인들이 나타났다. 상업의 종류도 다양해져 종전의 시전물품 이외에도 고기를 파는 현방(懸房), 얼음을 파는 제빙업, 서화 골동품 가게 등도 생겨나고, 여러 종류의 유흥업소도 생겨났다.

서민들이 모여들면서 산대놀이패도 등장하고, 청계천 다리 밑은 거지들의 소굴로 변했다. 정부에서는 거지들에게 깔개와 의복을 지급하기도 하고 양반들은 이들을 수시로 연회에 초대하기도 했다. 19세기 초에 나온 '한양가'에는 당시 서울의 상업과 놀이문화가 생생하게 묘사되어 흥미롭다.

서울은 이제 양반문화만이 지배하는 곳이 아니라, 중인층과 서민층의 문화가 혼재하는 도시로 바뀌었다. 18세 경부터 인왕산, 백악산, 그리고 청계천 일대에 중인(中人)들이 만든 시사(詩社)가 결성되었음은 널리 알려진 사실이다. 또, 인왕산 일대에는 장동김씨(壯洞金氏)일문의 문화활동이 활발하게 전개되었고, 그 흐름 속에서 겸재(謙齋)의 진경산수(眞景山水)가 탄생했음도 기억해 둘 필요가 있다.

4) 서울의 자주적 근대화

1876년의 개항과 더불어 서울은 근대화 바람이 불어오고 개화도시로 변모하기 시작했다. 개화와 근대화는 밖으로부터 강요되기도 했지만, 안으로부터 준비된 것이기도 했다. 18세기 후반 이후 이른바 북학(北學)이 개화의 선구를 이루었기 때문이다.

준비된 개화는 자주적 근대화로 나타났다. 개화초기의 동도서기(東道

西器)와 대한제국기의 구본신참(舊本新參)이 표현은 다르지만 자주적 근대화라는 맥락은 서로 같았다. 전통과 서양 근대문화를 절충한다는 의미에서 자주적이라고 말할 수 있다.

근대화의 물결을 타고 서울의 도시행정과 도시외관도 바뀌어 갔다. 서울에는 외국인 공관과 외국인 거류지역이 생겨났다. 일본인은 주로 남산의 남북 일대에 거주하고, 서양인들은 지금의 정동 일대에 포진했다.

1894년의 갑오경장(甲午更張)은 서울의 행정체제를 바꾸어 놓았다. 한성부(漢城府) 판윤(判尹)은 정2품에서 3품으로 격하되고, 좌윤, 우윤, 판관, 주부 등이 없어지고, 주사(主事)가 신설되었다. 오부(五部)는 오서(五署)로 바뀌고, 도성 밖에도 10개의 방(坊)이 설치되어 한성부(漢城府) 경역이 넓어졌다. 또 한성부가 행사하던 치안과 재판의 임무가 경무청과 한성재판소로 이관되었다.

1897년의 대한제국 성립 이후 한성은 국제적으로 공인된 황도(皇都)로 승격되었다. 경운궁(慶運宮)이 황궁으로 변하고, 황제만이 행할 수 있는 제천단인 원구단(圓丘壇)이 설치되고, 황궁을 중심축으로 하는 방사선형의 도로망이 새로이 건설되었다. 런던과 파리가 그 모델이 되었다. 근대적 학교, 병원, 언론기관, 통신시설, 은행, 회사 등이 더 많이 들어서고, 경인철도(京仁鐵道)와 한강철교(漢江鐵橋, 1900)도 가설되었다. 인력거(人力車, 1884), 자전차(1895), 전차(1899), 자동차(1903)가 차례로 등장하여 교통수단이 근대화되었다. 우리 나라 최초의 공원인 탑골공원(1896무렵)이 등장했다. 이 모든 변화는 황제의 자율권에 의해 추진되었다.

　황제의 자율권에 바탕을 두고 자주적으로 근대화하던 서울은 1905년의 통감부설치와 1910년의 국권침탈을 계기로 타율적 변화를 강요당하기 시작했다.

　통감부는 경성이사청(京城理事廳)을 설치하고 자신의 구미에 맞게 서울을 개조하기 시작했다. 먼저, 황제권을 무력화시키고, 황실 상징물을 파괴하는 일에 나섰다. 을사조약에 저항하는 고종황제를 1907년 퇴위시키고, 선황제(先皇帝) 고종과 순종(純宗)을 덕수궁(경운궁)과 창덕궁으로 격리시키고, 창덕궁을 현대식 파티공간으로 개조했다. 자동차도로를 만들기 위해 많은 전각이 헐려나갔다. 창경궁은 더욱 처절하게 훼손되어 동물원과 식물원으로 개조되고 벚꽃으로 뒤덮인 공원으로 변했다. 대비의 처소였던 자경전(慈慶殿)에는 일본식 박물관 겸 도서관으로 장서각(藏書閣)이 들어섰다. 1911년에는 아예 창경원으로 이름을 바꾸었다.

　일제강점기의 서울은 더욱 철저하게 일본식 모델로 바뀌었으며, 천황혼(天皇魂)이 넘치는 작은 동경이 되었다. 경복궁 앞에는 총독부(1916-1926), 경복궁 후원의 경무대에는 총독관저, 황궁 앞에는 경성부 청사(1926), 원구단에는 철도조선호텔(1913), 경희궁에는 경성중학교, 남별궁(南別宮)에는 반도호텔, 역대 임금의 어진(御眞)을 모시던 영희전(永禧殿)에는 중부경찰서, 을미사변(乙未事變)의 애국열사를 모시던 장충단(1900)에는 이등박문을 위한 박문사(博文寺)와 일본식 장충단 공원(1919)이, 목멱신사(木覓神祠)가 있던 자리에는 일본신사(日本神社)가 각각 들어섰다.

　서울의 행정조직도 물론 일본식으로 개조되었다. 여기에 말을 잃고,

개인의 성과 이름까지 바꾸고, 역사마저 잃어버리니, 서울은 민족적 정체성을 잃은 일본의 한 지방도시로 전락했다. 서울에서 부산으로 가는 경부선철도는 부산행을 상행선으로 불렀다. 왜냐하면 부산은 동경으로 가는 길목이었기 때문이었다.

6. 해방 후 서울과 미래의 과제

해방과 더불어 서울을 찾았으나 서울이 다시금 수도로 정해진 것은 1948년 대한민국 수립 이후다. 이어 38선 이북에는 북한정권이 세워졌으나 북한도 서울을 수도로 삼고 평양을 임시수도로 정했다. 북한이 평양을 수도로 정하지 않은 것은 6백 년 간 각인된 서울의 역사적 상징성과 전통을 대신할 수 없기 때문이었다.

서울의 이름을 한성이라고 부르지 않고 서울이라고 부르기 시작한 것부터가 의미심장하다. 조선시대부터 국민들은 서울을 한성 혹은 한양으로 부르기보다는 서울(徐蔚)이라고 즐겨 불렀다. 이는 서라벌(徐羅伐) 혹은 서벌(徐伐)에서 온 말이다. 즉 서울은 수도라는 뜻의 일반 명사다.

조선왕조 500여 년 동안 수도에 대한 불만이나 이전이 거의 논의되지 않은 것도 주목할 대목이다. 광해군 때 이의신이 한때 교하천도론(交河遷都論)을 들고 나왔으나 거센 반발을 받고 침몰했다. 정조의 화성(華城)건설은 천도를 목적으로 한 것이 아니라 은퇴도시로 건설한 것이었다. 조선시대 거의 모든 지식인들은 서울이야말로 전국 산수의 정기가 모여 있는 명당이라는 데 이의를 갖지 않았다. 비단 산수가 좋은 것만이 아니라 한반도의 중앙성과 교통과 국방의 편리성도 서울을 능가할 곳이 없었기 때문이었다.

또, 서울이 조선왕조의 왕도로 정해진 것도 앞에서 살펴본 바와 같이 이성계에 의해 갑자기 정해진 것이 아니라 수백 년 간 준비되고, 민심의 절대적인 지지를 받아 이루어진 것이었다. 또 백제가 이곳에서 500년의 전성기를 구가한 것도 서울의 입지조건 때문이었다.

우리 나라 역사상 수많은 수도가 있었으나, 모두가 분열된 시대의 수도였다. 고려의 개경도 국토는 통일되었으나 정신적으로는 통일되지 못해 신라의 전통과 고구려의 전통이 각축하던 시대의 수도였다. 따라서 우리 민족이 국토상으로나 정신적으로 최초로 통일을 달성한 조선왕조의 수도는 민족적 합의가 가장 큰 수도라고 할 수 있다. 조선왕조 500여 년 간 서울은 고구려, 백제, 신라의 지방문화와 지역주의를 융합하고 녹여내는 진정한 민족문화의 산실이었으며, 백성을 사랑하고, 평화를 사랑하고, 생명을 사랑하는 수준높은 유교문명을 꽃피운 곳이기도 했다.

그러나 이렇게 중대한 상징성을 가진 서울은 해방 후 한동안 정체성을 찾지 못하고 있었다. 일제잔재를 청산하지 못한 위에 서양문화를 어설프게 받아들여 무질서하고 혼탁한 1천만의 인구를 거느린 공룡도시로 변했다.

그래도 서울은 한강의 기적을 이룩한 중심도시로서, 이곳에서 86아시안게임과 88서울올림픽을 치르고, 2002월드컵을 열어 세계만방에 대한민국의 성가와 브랜드를 높였다. 서울이 아무리 무질서하고 혼탁해도 한강과 삼각산의 위용은 여전하며, 서울에 겹겹이 쌓인 2천 년의 문화전통은 7천만 민족의 희망이요, 전세계 미래문명의 대안이 될 수 있다고 감히 말하고 싶다.

최근 지역균형발전을 이유로 수도이전이 논의되고 있다. 서울과 서울권의 과밀화는 분명히 개선되어야 할 과제를 안고 있다. 하지만, 수도가 이전되든 안되든 서울은 우리 민족의 심장부로서 영원한 빛과 꿈을 안겨 줄 곳이라고 믿는다.

지금까지 살펴 본 것과 같이 서울의 일부 그늘만을 볼 것이 아니라, 서울이 우리 민족에게 주는 꿈과 희망이 무엇인가를 잊어서는 안될 것이다.

4_ 지금 왜 갑자기 수도이전인가

최상철_ 서울대학교 환경대학원 교수

1. 왜 천도를 반대하는가

　　20세기가 낳은 가장 위대한 역사학자 아놀드 토인비는『역사의 연구』
라는 방대한 역사서를 쓰고 마지막 유고로 쓴 책이『수도의 역사』이다.
세계사는 물론 한 나라의 역사는 수도의 변천사라고 까지 말한 바 있다.
수도의 이전은 새로운 역사를 만드는 것이며 우리 나라 역사교과서 뿐만
아니라 세계 역사 · 지리교과서를 다시 써야하는 국가와 민족의 대결단
이다.

　　한 나라의 수도를 옮기기 위해서는 역사적 당위성과 목적의 합리성과
이전절차의 합법성과 시의적 적실성과 실현가능성이 있어야 한다. 이러
한 수도이전 즉 천도(遷都)라는 역사적 결단을 신행정수도라는 표현으로
국민들을 혼돈시키고 있다. 국가최고통치자와 집행부가 옮긴다면 그 자
체로서 수도이전이다. 사실상 수도를 이전하면서도 서울 및 수도권의 반
대여론을 희석시키고 행정기능만 이전하는 것처럼 위장시키기 위한 말
장난을 하고 있는 것이다. 그것도 대선과 총선을 치루면서 충청권의 표심
을 얻기 위한 당리당략적 차원에서 시작되었다는 것은 국민 모두가 알고
있다.

　　첫째, 신행정수도건설을 위한 특별법에서 신행정수도건설의 목적을
두 가지로 밝히고 있다. 즉 수도권집중완화와 국가균형발전이 그것이다.
수도권의 일극집중현상을 지양하고 국토의 균형발전은 우리 국민 모두
가 바라는 국가발전목표 중의 하나이다. 중앙집권적 통치구조를 타파하
고 지방이 긍지를 가지고 살 수 있는 지방분권도 실현해야 한다. 그러나
수도이전이 이러한 목표를 달성해야 하는 당위성이 있어야 하고 실현가
능성이 보장되어야 국민적 공감대를 얻을 수 있을 것이다. 수도권의 바로

외곽에, 서울로부터 고속철도로 30분 거리에 수도를 이전한다고 하여 수도권의 일극집중현상을 방지할 수 있을 것이며 오늘날 이미 수도권으로 흡수되고 있는 충청권에 수도를 옮겨 놓는다고 충청권을 제외한 영호남권과 태백권과 제주도가 균형발전할 수 있는지에 대한 확신이 없는 것이다. 오히려 수도권의 충청권으로의 확대를 초래할 것이며 그나마 남아있는 다른 지역의 개발 잠재력을 충청권으로 끌어 들이는 '블랙 홀'을 만들어 줌으로서 충청권을 포함한 수충권(首忠圈)과 여타 지역 간의 불균형을 심화시킬 것은 불을 보듯 명확한 일이다.

근본적인 문제는 통일은 염원하고 있는 남북한의 화해분위기가 무르익고 있는 오늘날 수도를 충청권으로 남하시키는 것은 반통일적이며 통일의지의 후퇴이고 패배주의적 발상이다. 수도권 분산책이 통일보다 중요하다는 논리가 전제되고 있다. 더욱 국민을 혼란시키는 것은 통일된 후라도 충청권에 항구적인 수도로 남겠다는 것이다. 정말 역사의식이 있으며 통일의지가 있는지 의심이 간다. 파키스탄이 인도에게 빼앗긴 케시미르 실지회복을 위해 카라치에서 이스라마바드로 수도를 이전시킨 전략적인 자세와 너무나 대조적이다.

둘째, 사회경제적 시의성이다. 백번 양보하여 수도이전이 필요하다고 하더라도 나라살림이 이렇게 어려울 때 46조 원이나 들여 신수도를 건설해야 하느냐의 문제이다. 선거공약에서 4조 원 정도면 된다던 건설비가 46조 원으로 늘어났으며 많은 국책사업에서 볼 수 있었던 바와 같이 일단 시작하고 나면 눈덩이처럼 늘어나게 되어있다. 100조 원도 넘게 들 것이다. 신행정수도 건설에 정부예산은 11조 원밖에 들지 않고 그것도 10년 동안 분산되어 투자하기 때문에 큰 부담이 되지 않는다는 핑계를 대고 있다. 나머지는 민간자본에 의해 건설될 것이란 것이다. 선진국과 후진국 사이에서 자칫하면 남미처럼 경제적 낙후와 포퓰리즘의 늪으로 떨어질 수밖에 없는 현실 속에서 땅사고 집짓는데 모든 정부와 민간의 역량을 쏟아 부을 것인지 묻고 싶다. 200조 원의 국가부채가 있으며 150조 원의 공적자금이 투입되었다. 모두 국민이 갚아야 할 돈이다. 40만 명이 넘는 청년실업자가 거리를 방황하고 있고, 372만 명의 신용불량자들이 하루가 멀다하고 동반자살을 하고 있다. 충청권은 물론 전국을 부동산투기장으로 만들고 있으며 경기부양책 내지 한국적 뉴딜정책이라고 호도하고 있다.

동북아 경제 중심국가로서 국가경쟁력을 강화하고, 국민경제의 기초를 튼튼히 해야하고, 21세기 살아남을 수 있는 인재양성과 과학기술발전이 더욱 시급한 때이다. 진정 국토균형발전의 길이라면 10조 원밖에 들지 않을 호남고속철도의 건설과 물류중심국가로서 사회간접자본시설의 확충이 앞서야 할 것이다. 국가균형발전특별법에 의한 국가균형발전특별회계를 5조 원 규모로 계상하고 있다. 국가균형발전에 5조 원을 들이면서 신행정수도건설에 46조 원을 들이겠다는 것은 목적과 수단이 전도된 것 같다. 수도권 인구 50만 명을 빼내 가기 위해 1인당 1억 원의 돈을 투자하는 것을 어떻게 납득할 수 있겠는가? 그만한 재원이 있다면 각 지방마다 5조 원씩 나누어주고 지역혁신체제와 지방마다 스스로 경쟁력을 갖춘 산업과 교육체제를 구축하도록 하는 것이 보다 효율적인 수단이 될 수 있을 것이다.

아직 시작도 하지 않은 신행정수도건설사업으로 수많은 부작용이 벌써 생겨나고 있다. 충청권이 부동산투기장으로 변하고 있으며 새로운 지역갈등이 생겨나고 있다. 백보 양보하여 신수도가 충청권에 건설된다 하더라도 생활기반은 수도권에 두면서 충청권으로 출퇴근하거나 이산가족

화 현상을 초래하여 수도권과 충청권 간의 교통대란이 예상되며 기업이
나 외국공관들이 서울에 본거지를 두고 신수도로 업무를 보러 가는 엄청
난 사회경제적 비용을 부담해야 될 것이다. 수도를 이전하더라도 기업의
본사나 대사관들이 신수도로 이전할 것을 유보하고 있고 대전 제2종합청
사 고위직 공무원의 63%가 기러기 아빠가 된 현실을 직시해야 한다.

　셋째, 20세기에 들어와 수도를 옮긴 다른 나라의 교훈을 되새겨 보아
야 할 것이다. 우리보다 잘사는 나라 중에 수도를 이전한 나라가 과연 있
는지? 다만 오스트렐리아가 멜버른에서 캔버라로 수도를 이전하였지만
그것은 오스트렐리아 동남부에 위치한 사우스 웰스주와 빅토리아주의 정
치적 타협의 산물로서 수도이전에 100년이 가까워지고 있는 오늘날까지
캔버라는 잠자는 도시로 남아 있고 시드니와 멜버른으로의 경제와 인구
는 집중되고 있다. 수도를 이전한 터키, 브라질, 파키스탄, 나이제리아 등
의 나라들은 하나같이 수도이전으로 국가경쟁력을 상실하고 국력의 낭비
로 후진의 늪을 헤매고 있다. 우리 나라가 이들 나라의 전철을 밟아야 하
는지 재고해 봐야 할 것이다. 집을 새로 짓고 이사를 하는 것은 집안 형편
이 좋을 때 하는 일이다. 한 국가도 마찬가지다. 국력의 여유가 있을 때 하
는 일이다. 오늘날 우리 나라 형편으로서 46조 원이나 들여 수도를 옮겨
야 할 당위성이 있으며 시의성이 있는지 국민에게 물어보아야 할 것이다.

　넷째로 수도이전의 절차적 합헌성과 국민적 합의문제이다. 대통령 선
거 막바지에 불쑥 나온 공약으로 내세워 당선되었고 지난해 12월 29일,
43개 다른 법률과 함께 당시 다수야당이였던 한나라당의 주도아래 반대
의원들의 발언을 봉쇄하고 충청권 득표를 의식하여 공청회도 생략하고 5
분만에 신행정수도건설특별법이 통과되었으니 절차적 합법성과 합헌성
을 주장하고 있다. 법제정의 위법성과 위헌성을 가려줄 것으로 기대하며

법폐지 국회청원과 헌법소원을 제기 중에 있다. 신행정수도 공약 때문에 특정후보에게 표를 던진 것은 아니다. 그 많은 공약중의 하나일 뿐이며 노무현후보에게 표를 찍은 유권자 중에서도 수도이전을 반대하는 사람이 더 많을 수 있다. 한나라당도 잘못을 사과한 바 있으며 재검토를 요구하고 있다. 한나라의 수도를 이전하는데 이렇게 졸속으로 처리했다는 것은 국민들은 납득할 수 없다. 30년 이상 걸리는 신수도건설을 5년마다 정권이 바뀌는 헌정질서 속에서 과연 실현가능한 과업이 아닐 수 있다. 정권이 몇 번 바뀌어도 국민투표로 결정한 것이라고 밀어붙일 수 있는 합헌성과 정통성을 지금이라도 찾아내는 노력을 해야 할 것이다.

다섯째, 신행정수도건설의 실현가능성이다. 수도이전은 지난 총선에서 참여정부의 열린 우리당이 과반수의석을 얻음으로서 급물살을 타고 있다. 신행정수도 건설공약으로 충청권의 득표전략에서 대선과 총선에서 두 번의 재미를 보았다. 그러나 신행정수도 건설을 그만두고 충청권의 기대를 배신한다는 것은 너무나 큰 부담이 될 것은 분명하며, 어차피 싫던 좋던 간에 노대통령 재임기간 동안 끌고 나가야 할 족쇄가 된 것이다. 청와대 신행정수도건설추진기획단의 신행정수도 건설추진을 위한 로드 맵에 의하면 2004년 상반기에 입지선정기준을 마련하고 하반기에 공청회를 거쳐 입지를 선정하며, 2007년까지 계획수립과 토지매수를 하며 하반기부터 도시의 건설과 청사를 건립하여 2012년에 이전하도록 되어 있다.

2007년은 대통령선거가 있는 해이다. 모든 대통령후보들이 충청권 표심을 잡기 위해 신행정수도의 지속적인 추진을 공약으로 내세울 가능성은 크지만 대선에 가장 큰 표밭인 수도권을 의식하여 신행정수도이전 반대를 선언할 후보가 나올 수 있으며 또 다시 국론은 분열되고 차기 대통령으로 누가 되느냐에 따라 신행정수도는 백지화될 수도 있다. 1977년 임시행정수도 건설이 1979년 박정희대통령의 서거와 함께 백지화된 사례가 있다. 특히 우리 나라와 같은 정치풍토와 국민적 합의를 거치지 않았던 노무현대통령의 신행정수도건설계획을 차기 대통령이 그대로 승계할 것으로 보이지 않기 때문이다. 한나라의 수도이전은 오랜 독재정권 하에서만 가능했다는 세계적 교훈이 그것을 말해 주고 있다. 터키가 이스탄불에서 앙카라로 옮길 때 케말 아타튀르크(케말 파샤, 1923~1938)초대 대통령, 브라질이 리오데자네이로로부터 브라질리아로 옮길 때 쿠비체크대통령(1956~1968), 파키스탄이 카라치에서 아스라마바드로 수도를 옮길 때 아유브 칸 대통령(1958~1969)과 같은 10년 이상의 장기집권이 있었기에 가능하였다. 그러나 우리 나라의 경우 5년 단임의 대통령이 세 번이나 교체되어야 할 장기간의 불확실성이 도사리고 있는 한 신행정수도 건설은 아무도 보장할 수 없는 일이다.

끝으로 통일에 대한 변수이다. 신행정수도로 정부청사가 이전하는 2012년까지 통일에 대한 전망이다. 정부는 언제 될지도 모르는 통일을 앞두고 수도권의 비대화를 그대로 방치할 수 없기 때문에 수도를 옮긴다고 하였다. 그러나 통일은 그것이 흡수통일이든지, 국가연합 내지 연방제 통일이든지 간에 앞으로 10년 간은 많은 불확실성이 남아 있다. 어떠한 형태의 통일이든지 간에 통일국가의 수도로서 충청권은 설득력도, 역사의식도 결여되어 있다. 통일되면 통일수도를 다시 만든다고 말한 바 있다. 그러면 현재 추진하고 있는 신행정수도의 위상이 무엇인지 의문이 제기된다. 북한은 북한헌법 166조에 평양을 수도로 규정하고 있다. 대한민국의 수도가 서울에서 충청권으로 이전한다는 것은 패배주의적 수도의 남행정책이며 국가정체성에 대한 도전이 아닐 수 없다. 평양이 북한의 수도이고 충청권의 어딘가에 남한의 수도로 건설하고 통일 수도를 다시 만든다면 대한민국의 정통성과 정체성에 대한 용납할 수 없는 도전이다. 너무나 많은 불확실성이 도사리고 있는 것이다. 그중 어느 하나라도 예측을 벗어나면 신행정수도건설이라는 정략적 구상은 또 하나의 백지계획으로 준엄한 역사적 심판을 받을 것으로 보여진다.

2. 수도이전이 지역균형발전의 만능약인가

〈표-1〉에서 보여 주는 바와 같이 지난 10년 간 충청남북도는 지역경제 성장률이 년 7.1%, 8.5%로서 전국평균 5.4%를 앞지르고 있고 부산의 두 배나 성장률이 앞서가고 있다. 46조 원이라는 돈이 하늘에서 떨어진 돈도 아니고 국민의 세금과 민간기업이 투자할 돈이다. 이것을 충청권 그것도 충남의 연기군 3개 면과 공주시 장기면 10개 리에 몽땅 쏟아 부으면 다른 못사는 지역에 돌아갈 몫이 적어지는 것은 너무나 상식적인 일이다. 신행정수도 건설이 충남을 제외한 비수도권의 다른 지역의 균형발전을 가져올 것이라는 논리는 처음부터 허구적인 것이었다.

그러면 왜 충청권을 제외한 영호남 8개 시도들과 강원도와 제주도가 신행정수도 건설이 좋다고 회유를 당했는지 자문자답해 보아야 할 것이다. 이른바 '대한민국 행복특별법'이란 이름으로 국민들을 호도하였기 때문이다. '지방분권 특별법'과 '국가균형발전 특별법'과 '신행정수도건설을 위한 특별법'을 하나로 묶어 비수도권지방에 대하여 전부 아니면 전무를 강요했기 때문이다. 지방분권도 반드시 해야 하고 국가균형발전도 누구도 반대할 수 없는 국가발전의 목표이다. 수도권을 제외한 13개

시도지사는 지난해 12월 1일 엄청난 광고비를 들여 '지방관련 3대 특별법 금년 내 반드시 제정되어야 합니다' 라는 성명을 발표한 바 있다.

　신행정수도건설은 찬성하지 않지만 지방분권과 국가균형발전이라는 달콤한 명분 때문에 도매금으로 지난해 12월 29일, 3개 법을 뭉쳐 통과시켰고 올해 1월 29일, 대전에서 '지방화와 균형발전시대' 선포식을 거행하였다. 헌법도 아니고 3개 특별법 제정을 하였다고 우리 나라 역사상 최초로 대통령 주제 하에 법제정 선포식을 한 바 있다. 그것도 총선을 바로 코앞에 둔 시기에 충청권에서 재미 좀 본 결과가 되었다.

　대한민국 행복특별법의 내용은 이른바 분권, 분업, 분산이라는 3분법이다. 분권을 위한 지방분권특별법, 분업을 위한 국가균형발전특별법, 분산을 위한 신행정수도 건설을 위한 특별법이 그것이다. 그러나 분권, 분업, 분산은 동시에 이룩할 수 없는 태생적 상충성을 지니고 있다. 상생관계가 아니고 상충관계에 있기 때문이다. 세 가지를 한데 묶을 수 없는 논리적 모순과 실천적 비현실성을 지니고 있기 때문이다.

　첫째, 지방분권과 균형발전은 상생할 수 없는 원죄를 갖고 있다. 지방분권은 자치와 시장경제의 논리이며 자기책임의 논리이다. 균형발전은 중앙집권과 시장개입의 논리이며 타율의 논리이다. 지방분권은 잘사는 지역도 못사는 지역도 스스로 책임지는 논리이지만, 균형발전을 잘사는 지역과 못사는 지역 간의 형평성을 유지하기 위해선 누군가 개입해야 한다는 집권의 논리이다. 지방분권을 강조할수록 수도권은 더 좋아진다. 부산도 더 좋아진다. 대구정도가 거의 본전치기다. 그 외 다른 지역들은 더욱 가난해질 수밖에 없다.

　국가균형발전특별법에 의하면 부산이 이미 받고 있는 중앙정부의 지원이 줄어들 수밖에 없다. 수도권은 분권은 좋지만 균형발전을 위한 기득

〈표 1〉 지역산업별 성장률(1990~2001년)

(단위:%)

구분	인구	전체	농림어업광업	제조업	전기가스수도건설	생산자서비스	기타서비스	공공부문
서울	-0.4	-4.4	-3.9	1.4	1.4	6.1	4.8	0.5
부산	-0.2	4.2	0.8	-0.3	3.0	8.2	5.2	1.6
대구	0.9	2.4	3.9	-1.2	0.6	5.3	4.1	1.1
인천	2.8	3.0	7.0	0.4	0.4	9.2	2.5	1.9
광주	2.0	2.9	2.5	2.5	-1.3	6.4	3.6	0.6
대전	2.9	2.7	-4.0	0.2	-0.2	6.9	4.4	0.5
경기	4.2	6.2	-2.7	8.6	1.3	8.5	3.7	0.6
강원	-0.3	3.9	-0.1	3.9	3.7	6.6	7.2	0.3
충북	0.8	7.1	1.6	10.8	3.5	9.6	6.3	0.1
충남	-0.5	8.5	3.3	13.0	9.3	11.3	7.8	0.0
전북	-0.6	5.1	2.0	5.1	6.2	9.8	6.1	0.0
전남	-1.8	7.7	3.9	10.6	7.6	11.8	8.0	1.2
경북	0.1	7.5	0.3	11.4	7.9	9.4	5.8	1.2
경남	1.3	5.6	1.8	6.8	2.6	9.4	4.6	0.7
제주	0.3	4.4	2.7	-2.0	4.3	7.1	7.5	0.5
전국	0.9	5.4	0.8	7.2	3.3	7.1	4.7	0.0

권의 침해를 감수하지 않으려고 한다. 국가균형발전특별법 제정 반대로 경기도 도의원들은 삭발을 하고 반대투쟁을 한 이유도 거기에 있다. 분권과 균형발전이라는 두 마리 토끼를 잡으려다가 집토끼도 잃어버리고 산토끼도 잃어버리는 결과를 가져올 수도 있다. 냉철한 판단과 계산을 해 보아야 할 것이다.

둘째 지방분권과 신행정수도건설이 상생정책이라는 논리의 허구성이다. 분권은 해야 한다. 권한과 재원을 지방으로 돌려주어야 한다. 예를 들어 해운항만에 관한 업무는 우리 나라 최대의 항구이며 동북아의 허브항으로 자리 잡은 부산으로 넘겨져야 한다. 충청권으로 수도를 이전하더라도 해운항만에 관한 권한을 내륙수도 연기·장기에 그대로 잡고 있으면 아무런 의미가 없다. 분권이 완벽하게 이루어지면 수도가 어디 있든지 별 문제가 없다. 수도를 옮기지 말고 지방분권과 정부기능 특히 지역적 특성에 맞는 공공기관들을 지방으로 분산시키는 것이 지방을 살리는 길이다. 수도를 이전할 것이 아니라 부산을 해양물류중심도시로 발전시키기 위해 해양수산부는 물론 해양물류관계 특별행정관서와 산하연구기관, 해양물류관계 대학기능을 부산에 통합, 이전시켜야 할 것이다.

일본의 세도나이가에와 큐수로부터 우리 나라 남해안의 관광 문화 여가벨트와 중국의 승천하는 용의 머리로 불리워지는 상해·포동을 연결하는 동북아 신산업지대 중심도시로서 발전시킬 수 있는 전략이 우선적으로 검토되어야 할 것이다.

셋째 균형발전과 수도이전 논리의 비약이다. 충청권으로 수도이전을 하면 지역 간 균형발전이 이루어진다는 논리의 비약이다. 충청권으로 수도를 이전하면 수도권과 충청권의 균형발전을 어느 정도 이루어질지도 모른다. 그러나 다른 지역들이 더 잘살 수 있다는 보장도 없을 뿐만 아니라 충청권에 집중투자를 하면 다른 지역으로 돌아갈 몫이 적어질 수밖에 없다. 이것은 신행정수도건설의 당위성을 이론적으로 뒷받침하고 있는 국토연구원과 서울시정개발연구원의 연구결과에 계량적으로 나와 있다. 〈표-2〉와 〈표-3〉에서 보여주는 바와 같이 부산을 포함한 경남권은 인구, 최종수요, 생산액, 부가가치, 고용등의 측면에서 마이너스 파급효과를 가져오며 충청남도가 경제적 파급효과의 86%를 차지하고 있다. 서울시정개발연구원 분석에 의하면 신행정수도 건설로 충청권이 생산유발효과에서 52.5%, 부가가치 53.4%, 고용창출의 55.2%를 차지하고 오히려 수도권에 미치는 파급효과가 두드러지며 다른 건설의 사회 경제적 파급효과는 충청권에 집중되고 있으며 비충청권의 파급효과는 마이너스 내지 극히 미미한 수준임을 입증하고 있다. 즉 수도이전이 국가균형발전에 미치는 효과는 오히려 충청권에 새로운 개발의 블랙홀을 만들 것이란 예측을 할 수 있다.

<표 2> 신행정수도 건설의 영향

구분	인구 (명)	최종수요 (백만원)	생산액 (백만원)	부가가치 (백만원)	고용 (명)
수도권	-343,300	-2,920,558	-4,000,407	-2,218,563	-65,090
강원도	-1,545	-8,404	-59,956	-23,597	-1,248
충북	114,332	962,996	1,291,964	709,810	21,071
충남	249,978	2,071,764	3,233,422	1,666,831	50,441
전북	-1,981	-10,773	-33,069	-15,277	-780
경북	-3,500	-19,035	-155,385	-53,771	-1,237
경남	-8,559	-46,548	-154,274	-77,683	-1,612

자료 : 박상우, 김상욱, 박형서 「신행정수도 건설의 사회 · 경제적 파급영향 분석연구」, 국토연 2003~20, 국토연구원.
주　: 충청권에 건설되는 신행정수도에 중앙행정기관과 일부소속기관이 이전하고 인구 50만 명을 수용하는 경우로 추정된 결과임.

<표 3> 신행정수도 건설의 경제적 파급효과

구분	'01년 1인당 GRDP (백만원)	고용(만명)		고용(만명)		고용(만명)	
		효과	비중(%)	효과	비중(%)	효과	비중(%)
수도권	10.6	27.0	27.6	11.3	27.6	34.0	28.4
강원도	7.5	1.7	1.8	0.8	2.0	1.7	1.4
충청권	10.3	51.2	52.5	21.9	53.4	66.1	55.2
전라 · 제주권	9.1	5.3	5.5	2.5	6.1	5.7	4.7
대구 · 경북권	9.8	4.8	4.9	1.8	4.3	5.0	4.2
부산 · 경남권	11.2	7.5	7.7	2.7	6.5	7.4	6.2
전국(합계)	10.3	97.5	100.0	41.0	100.0	119.8	100.0

자료 : 서울경제브리프(2004. 2), 서울시정개발연구원

3. 수도를 옮겨서 나라가 산다면

지난 40년 간 수도권의 인구는 4배 이상 증가했다. 아직도 속도는 줄어들고 있지만 지속적인 증가현상을 보이고 있다. 수도권 밖의 지방에서 보는 시선은 결코 곱지 않은 것도 사실이다. 한국의 문제는 배가 고픈 것보다 배가 아픈 것이 더 문제란 점을 어느 외국인이 지적한 바 있다.

수도권의 성장에 대한 다른 지역이 배가 아픈 것은 인간의 원죄이다. 사촌이 논을 사면 배가 아프다는 우리의 속담도 있다. 이러한 지방의 정서를 정치적으로 이용하여 정치판을 끌어 나가고 있다. 지방분권, 신행정수도건설, 공공기관지방이전, 국가균형발전이란 이름으로 진행되고 있는 수도권에 역차별 정책이 노골화되고 있다. 이러한 수도권에 대한 역차별 정책은 어제 오늘의 문제만은 아니었다. 1984년 수도권정비계획법의 제정으로 나타났다. 수도권의 5개 권역으로 나누어 갖가지 규제를 하여 왔

고 1992년 수도권 정비계획법의 개정으로 과밀억제권역, 성장관리권역, 자연보존권역으로 재편하면서 공장총량제, 과밀부담제를 도입하여 수도권을 묶어 놓고 있었다.

이러한 수도권 규제가 가져 온 효과는 충청권의 발전이었다. 수도권이 지닌 집적의 경제와 도시화의 경제를 어느 정도 누리면서도 규제를 벗어나는 길은 수도권 바로 바깥쪽인 충청남북도의 북부지역에 공업입지가 이루어졌고 교육연구기관들도 수도권 외곽에 포도송이처럼 매달리는 기현상이 나타났다. 천안 아파트분양에 서울특별시 천안구라는 광고가 나오고 남서울이라는 이름의 대학이 충청남도에 들어섰다. 서울 사당동 네거리에 충청권에 있는 대학생들의 통학을 위해 버스들이 줄지어 서 있는 기현상이 나타났다. 결국 지난 20년 간 수도권정비계획법은 수도권을 확대시키는 결과가 되었으며 지방균형발전보다는 우리 나라 국토공간구조를 기형적으로 만들고 말았다.

수도권규제 때문에 기업들이 우리 나라를 떠나기 시작했고 외국직접투자가 외면하고 있다. 서울과 수도권에 살면서 충청권으로 출퇴근하거나 물류이동 때문에 출근시간 하행선 고속도로 교통량이 상행교통량을 넘어서고 있다. 수도권 공장총량제 규제를 완화하자는 말만 나와도 충청권은 결사반대운동을 벌였고 충청권과 수도권의 싸움으로 비화되었다. 그 동안에 우리 나라는 IMF구제금융이라는 국가부도사태를 경험하였고 저성장, 고실업이라는 구조적 문제를 안고 있다. 수도권 규제 때문만은 아니라 하더라도 우리 나라 경제발전의 기관차 역할을 하는 수도권의 과밀규제가 이러한 우리 나라 경제위기에 커다란 원인 중에 하나였음을 부인할 수 없다. 특히 우리는 글로벌리제이션이라는 거대한 소용돌이 속에 싸여 있다. 중국이 세계의 공장으로 등장하고 있고 경제성장은 고속도로를 달리고 있다.

일본이 지난 1990년 초 버블경제 붕괴 이후 잊혀진 10년을 벗어나 터널을 빠져 나오고 있다. 우리 나라는 얼마나 긴지도 모르는 어두운 터널 속으로 들어가고 있다. 수도권은 우리 나라 국가경쟁력 그 자체이고 싫던 좋던 간에 동북아 경제중심국가 발전의 선두주자이다. 아무리 배가 아프더라도 현실을 직시해야 한다. 영국의 대도시권은 33개 자치단체를 통합하여 대런던개발청(Greater London Authority)을 신설하고 글로벌 리제이션시대를 위한 전략계획을 수립하고 있다. 프랑스의 파리대도시권(Ile-de-France)는 1960년부터 추진해 온 분산책을 대담하게 포기하고 재집중정책(metro-polarization)을 펴고 있다. 일본 역시 동경권 분산정책을 그만두고 동경권 빅뱅(big bang)이론과 동경권 도시재생정책을 펴고 있다. 뉴욕 대도시권은 위기의 극복을 위해 3E (Econmy, Equity, Environment) 5C (Greenward, Centers, Mobility, Workplace, Governance)정책을 펴고 있으며 세계의 경제중심으로 재등장하고 있다.

그러나 우리 나라는 수도권 죽이기 확인사살을 하고 있다. 수도이전은 물론 수도권에 있는 54개 공공기관을 지방에 골라잡아 나누어주는 정책을 펴고 있다. 미군의 철수로 경기북부지역은 공동화되고 있으며 안보적 공백상태가 일어나고 있다. 수도이전에 대한 수도권주민들을 호도하기 위해 큰 선물이라도 주는 것처럼 수도이전과 수도권규제 완화라는 이른바 빅딜정책을 거론하고 있다. 수도권을 기득권고수세력으로 매도하고 있으며 놀부에 비유하고 있다. 가난한 형제들을 돌보지 않고 혼자 욕심만 채우는 나쁜 형으로 국가홍보처가 서울과 수도권을 한통속으로 몰아붙이고 있다.

과연 우리 나라가 어디로 가고 있는지? 수도권 하나 죽이면 우리 나라 모든 지역이 골고루 잘살 수 있다는 제로 섬 게임의 논리를 전개하고 있다. 결과적으로 수도권도 죽고 나라도 죽는 잘못을 저지르고 있으며 다른 나라들이 이미 포기한 정책의 실패를 우리는 재현하려고 하고 있다. 수도권도 살고 다른 지역도 살리는 이른바 상생전략의 가능성은 항상 열려있다. 수도권도 자성해야 하겠지만 한풀이 수도권 죽이기 정책은 그만 두어야 할 것이다. 지방의 한(恨)을 모르는 바 아니다. 그러나 한풀이가 아니라 포한(抱恨)을 해야 한다. 한을 가슴속으로 묻으면서 스스로 승화시켜 나가는 한국적 미덕을 살려야 할 것이다.

세계 역사를 통하여 한 지역이 영원히 번영한 예도 없으며 잘 나가던 지역이 쇠퇴의 길을 걷고 있는 예도 허다하다. 미국의 경제성장의 기동차 역할을 하였던 5대호 연안지역이 그러하고 독일의 루르공업지역, 프랑스의 북부지역도 그러하다. 우리 나라 수도권도 인구와 산업의 고도 성장기를 벗어나고 서서히 사양의 길을 들어설 것으로 보여진다. 세계 30개 대도시권 중에서 우리 나라 수도권만이 예외적으로 성장하고 있어 세계적으로 주목의 대상이 되고 있다. 고사작전을 쓰지 않더라도 10년 이내에 수도권의 집중현상의 역전(polarization reversal)현상이 도래할 것이다. 한 나라의 지역정책은 보다 긴 눈으로 보아야 할 것이다. 지역균형발전정책이 정치화될 때 가장 나쁜 결과를 초래한다는 사실을 명심해야 할 것이다.

4. 서울 : 위대한 혹

영국 사람들은 런던을 위대한 혹(Great Wen)이라고 부른다. 혹은 보기도 흉할 뿐만 아니라 활동하는데 불편한 점이 한두 가지가 아니다. 그러나 혹을 수술하지 않고 그대로 달고 다니면서 위대한 혹이라고 영국인들은 참고 있다. 좀 불편하지만 런던이란 혹이 있음으로서 영국이 살고 있고 국제경쟁력이 생긴다고 사랑과 미움이 교차되는 혼합감정 속에 살고 있다. 최근에는 런던을 살려야 영국이 산다는 국민적 공감대 속에 런던의 자존심 회복을 국정목표로 삼고 있으며 해가 지지 않는 대영제국의 상징으로서 런던의 옛 명성을 되찾고자 하고 있다.

우리 나라에도 마음씨 착한 혹부리 영감의 설화가 있다. 턱밑에 참외만한 혹을 달고 다니지만 도깨비도 반할만큼 노래도 잘하였다. 혹부리 영감은 노래주머니 혹과 보물자루를 바꾸어 혹도 떼고 부자가 되었으며 마음씨 나쁜 다른 혹부리 영감은 도깨비를 홀리려다가 혹을 또 하나 더 붙였다는 이야기이다. 수도이전이 마음씨 나쁜 혹부리 영감처럼 혹 떼려다가 혹 하나 더 붙이는 꼴이 될지도 모르겠다. 처음부터 의도가 불순하였기 때문이다.

서울은 틀림없이 우리 나라에서 그냥 달고 다니기엔 부담이 되고 수술해서 제거하기에는 생명에 위협을 초래할지 모르기에 숙명적으로 우리 국민들은 서울이란 혹을 달고 살고 있다. 그러나 최근 어느 날 갑자기 혹을 수술하려고 하고 있다. 혹을 수술할 때 우리 나라의 생사가 판가름 날지도 모르는 대수술을 시도하고 있다. 김일성의 뒤통수에 난 혹은 돈이 없어 수술을 못 한 것이 아니라 수술의 위험성 때문에 죽을 때까지 달고 다닌 것이 아닌가 생각된다. 혹을 수술하는 것이 좋은지, 생명에 지장이 없는지에 대한 진단도 없이 우선 수술부터 해야 한다고 서두르고 있다. 대다수 국민들이 수술의 후유증에 대하여 정확한 정보도 있어야 하고, 보다 많은 전문의들의 의견도 듣고 정밀진단을 더 해 보자고 말하고 있다. 보기 싫어서 떼버리는 것이 상책이라고 고집을 부리면서 의사도 아닌 국민들을 상대로 선동정치를 하고 있다.

최근 황당무계한 패러디가 지하철 광고판에 나붙었다. 그것도 네티즌들의 댓글이나 패러디가 아니라 국정홍보처의 수도이전찬성 캠페인의 일환이었다. 서울도 대한민국인데 서울이 북경보다 못하고, 멕시코시티보다 나쁘다는 광고가 버젓이 수도 서울 지하철에 등장한 것이다.

과연 국가가 무엇인가? 미우나 고우나 1000만 명의 국민이 살고 있고 한국의 얼굴이며 국가발전의 기관차인 서울을 이렇게 비하하고 자기 얼굴에 침 뱉는 일을 국가가 하고 있다니 국가란 무엇인지 비참하다는 생각이 든다. 서울이 이렇게 나쁘니 찾지도 말고, 외국기업도 들어오지 말고, 북경이나 멕시코시티로 발길을 돌리라는 말을 국가가 하고 있다. 이것이 대한민국인가? 부산이 일본의 고베나 중국의 상해보다 나쁘니 배를 돌려 고베나 상해로 가라고 하면서 동북아 물류중심국가가 되겠다는 것과 마찬가지다. 겨우 국정홍보처라는 국가기관이 생각해낸 기발한 아이디어가 이것이고 수도이전을 위한 올인전략이 이것이라면 서울시민이 국가에 세금을 꼭 내야 할 것인지 의문이다. 논리가 막히면 억지가 나오는 법이다. 상대를 비하하고 욕한다고 국민들이 설득할 수 있는 시대는 지났다. 혹세무민과 곡학아세가 판치고 있다. 아! 대한민국은 어디로 가고 있는가?

아무리 서울이 밉더라도 바른길로 국민을 설득해야 한다. 욕하면서 닮아간다는 말이 있듯이 수도이전 찬성 네티즌들의 댓글들은 차라리 눈을 감고 싶다. 국가가 하는 일이 네티즌들의 댓글보다 한 수 더 뜨는 것 같아 한심스러울 뿐이다. 런던이라는 위대한 혹을 달고 살고 있는 영국민들이나 혹부리 복노인의 설화가 우리에게 던지는 교훈을 되새겨 보아야 할 것이다.

5_ 수도이전을 반대하는 몇 가지 논리

형기주_ 동국대학교 명예교수, 전 대한지리학회 회장

1. 머리말

수도 서울을 충청권으로 옮기려는 대선공약은 이 시점에서 입지선정을 마친 상태에 와 있다. 그러나 수도이전이 말로는 식은 죽먹기지만 조선조 이후 600년이나 오래된 서울의 명성, 전통과 상징성, 그리고 복잡하게 얽힌 정치·경제·사회·문화적 연계성 등을 생각할 때, 이 문제를 몇 차례의 위원회와 공청회란 명목의 푸닥거리를 통해서 결행하기란 너무나 위험한 모험이 아닐 수 없다.

요즈음, 우리 경제는 경제개발 5개년계획이 처음으로 추진되었던 그 시점 이후 가장 큰 시련을 안고 있다. 금년에 우리의 실업자는 OECD기준으로 약 100만 명이고, 신용불량자는 7월 현재 370만 명에 이르며, 국가채무는 금년에 200조 원을 초과할 뿐 아니라 돈 가진 사람들은 이 정부의 불안한 정책 때문에 지갑을 움켜쥐고 요지부동이거나 해외로 빠져나가는 판국이다. 그런데, 무엇이 급해서 수도이전 문제를 가지고 여·야가 갈리고 국민들이 좌·우로 갈리어 아웅다웅 야단법석이어야 하는지 마음이 개운치 않다. 요즈음 세태를 바라볼 때, 역성혁명(易姓革命)에 성공한 태조 이성계가 국도를 송도에서 한양으로 옮기면서 논의하였던 여러 장면이 연상된다.

태조 이성계가 도읍을 정하려고 계룡산으로 행차할 때, 참판 유관(柳觀)이 도읍을 결정할 여러 논의를 올리고 말하기를,

"전하, 계룡산에 도읍을 정하려 하시니 백성들이 모두 걱정하고, 지금 다시 한양으로 옮기려 하시니 백성들이 모두 기꺼워 합니다."고 하였다(漢京識略).

지금 국민의 절대다수가 계룡산 가까운 연기·공주로의 수도이전을

반대하고 있는 세태와 닮아 있다. 그리고 태조 이성계가 한양의 남궁터를 수도로 최종 결정할 때, 좌·우정승 조준과 김사형은 "전하께서는 큰 덕과 신성한 공으로 천명을 받아 나라를 차지하시고……, 이곳에 영구히 국도를 정하시는 일이 하늘의 뜻에 맞는 것이옵니다."고 『태조실록』은 적고 있다(태조 3년 8월조).

이것은 얼마 전에 신수도 입지선정을 책임맡은 모 교수가 연기·공주에 결정된 신수도의 입지는 '하늘이 내린 적지'라고 발표하여 세간의 냉소거리가 되었던 사실과 비유되어 씁쓸하다.

나는 수도이전을 반대한다. 왜 반대하는가,

첫째는 국토의 균형발전이란 논리를 수긍할 수 없고,

둘째로 비용의 낭비와 경제적 전망에서도 합당치 않으며,

세째로 여론의 항배와 시기·절차상 문제가 있을 뿐 아니라,

네째로는 국제적 위상이나 동아시아 허브로서의 발전전략에도 맞지 않고,

다섯째로는 한반도 통일을 상정할 때도 수도이전이 가당치 않기 때문이다. 필자는 우리 나라 수도 이전의 역사적 배경과 해외의 사례를 참고하면서 반대이유를 구체적으로 논하되 마지막에 대안을 통하여 결론에 대할가 한다.

2. 남쪽으로만 밀리는 수도

역사적으로 볼 때, 우리 나라의 수도만큼 기구한 운명을 겪어온 역사도 없다. 고구려 개국의 수도는 지금의 중국 랴오닝성의 졸본이었다. 여

기에서 서기 3년 압록강변의 국내성으로 옮겼고, 서기 427년 고구려 장수왕 때는 지금의 대동강변 평양으로 옮겨야 했다.

고대 왕조의 도읍결정은 임금의 권위와 위상, 장소의 풍요로운 물산과 교역의 편이 등 여러 가지가 고려되었지만 무엇보다도 이민족의 침입을 방어하기에 유리한 지리적 조건에 무게를 두었다. 고구려의 경우에, 북방의 선비족을 비롯한 기마민족의 침입 때문에 그 넓고 비옥한 만주 벌판을 등지고 방어의 요새지를 찾아 국내성과 평양으로 계속 남행한 것 같다. 만약에 고구려 기상의 상징인 광개토대왕이 지금의 중국땅 선양쯤에 수도를 정하고 동만주평야를 장악했더라면, 중원의 왕조가 수많은 전쟁의 회오리에 휩싸여 있을 때이니 만큼 지금쯤 우리 민족의 운명은 크게 달라졌을 것이다.

한강변에 처음 자리를 잡은 백제는 고구려 세력의 남진 때문에 서기 475년 웅진성(공주)으로, 서기 538년에는 사비성(부여)으로 역시 방어의 요새지를 찾아 옮겼으나 여기에서 나당 연합군에게 멸망하고 말았다. 신라의 경주는 천년의 고도라고 일컫지만 너무나 한반도 남쪽에 치우쳐 자리를 잡았기로 서기 935년 통일신라가 멸망할 때 까지 한반도의 패수(浿水) 이북은 진출하지 못한 채 내분에 휩싸여 한낱 지방 토호세력으로 끝이 났다. 만약에 통일신라가 한반도의 남쪽 끝자락 경주에 머물지 않고 지금의 서울쯤으로 북진했더라면 우리의 역사는 어떻게 변했을까

왕건이 건국한 고려는 국명마저도 고구려를 이어 받았지만 수도는 평양보다 남쪽에 위치한 송도로 정하였다. 여기에서 북방의 거란족, 여진족, 몽고족의 계속된 침략에 속수무책으로 당할 수밖에 없었다. 특히, 몽고족에 짓밟혀 고려왕도를 남쪽의 강화도로 옮기는 역사상 최대의 치욕을 당하면서도 조정은 귀족들의 사치와 문·무 파당으로 갈리어 정신이

없었다.

고려의 명장 이성계는 이른바 역성혁명(易姓革命)에 성공하여 고려왕조의 기득권 세력의 반대에도 불구하고 심기일전(心機一轉), 친위세력을 형성하기 위해 수도를 송도에서 지금의 서울로 옮겼다. 또다시 말머리를 남쪽으로 향한 셈이다. 고려왕조가 남경으로 이따금 활용하던 지금의 서울은 따지고 보면 한성 백제 약 500년, 고려시대 470여년(고려 문종 이후)과 조선왕조 500여년, 그리고 일제 강점기와 광복이후 약100년을 합하여 거의 1500년 세월이 훨씬 넘는 오랜 수도로 이어온 셈이다. 그런데 지금에 와서 또다시 남쪽행이라니, 그것도 태조 이성계가 슬쩍 눈길 한번 돌렸던 계룡산 가까운 곳으로 말이다.

장소의 결정과 권력과는 묘한 역학관계가 있다. 여말선초의 역사를 자세히 분석하여 보면, 이성계는 새로운 수도로서 지금의 서울을 처음부터 선호하였으나 개경을 빠져나기 싫어하는 중신들의 반대가 워낙 거세어서 아주 멀리 떨어진 계룡산 신도안을 내세웠다가, 경기 관찰사 하륜(河崙)이 제시하는 새로운 풍수이론(胡舜申의 地理新法)을 구실로 당신의 뜻대로 한양을 선택하게 된다. 그러니까 시체말로 혼네(本音)는 따로 있었던 것이다. 우리의 대통령께서도 남쪽으로만 달리는 이번의 수도이전에 대한 공약이 차라리 깊은 속마음은 아니길 바란다.

3. 국토의 균형발전이 가능한가

연기·공주로의 수도이전이 과연 지방분권과 지역의 균형발전을 위함인가? 작년 12월 29일 총선전국을 앞두고 국회가 통과시킨 이른바 3

분법이란 이름의 '지방분권특별법', '국가균형발전특별법', '신행정수도
건설을 위한 특별조치법'은 법제정을 축하하는 선포식과 함께 충청권 사
람들을 들뜨게 만들고 총선의 표밭을 완전히 뒤집어 엎었다. 이에 대해서
대통령은 충청권으로의 수도이전을 두고,

　　"우리나라 지배세력의 변화를 위한 불가피한 선택"이라고 했다. 지배
세력이란 말은 왕조 시대나 마르크스주의 시대에나 쓰이던 말이지 오늘
과 같은 세계화 시대, 자유민주주의 시대에 함부로 쓸 수 있는 말이 아니
다. 그렇다면, 서울을 충정권으로 옮긴다는 것은 단순한 행정부의 이전이
아니고 천도라고 보아야 한다. 태조 이성계가 송도를 버리고 한양으로 천
도한 맥락과 다를 바 없기 때문이다.

　　이들 3개 법의 법리를 자세히 분석하여 보면, 우선 지방분권과 국가
균형발전은 서로 모순·충돌되는 법리이다. 전자는 잘사는 지방이건 못
사는 지방이건 간에 모두가 자율적인 책임하에 자치단체 상호 간 자유경
쟁의 논리라 볼 수 있으나, 후자(국가균형발전)는 중앙집권에 의한 부의
편차를 높은 쪽에서 낮은 쪽으로 나누어 줌으로서 서로 간에 균형을 이
루도록 하자는 분배의 논리이기 때문이다. 가령, 후자의 경우, 수도를 충
청권으로 옮긴다면 한쪽은 부동산 값이 오르고, 인구집중에 의한 구매력
이 높아지며, 따라서 기업에 활기가 생길 뿐 아나라 명성(브랜드)도 높아
지는 반면, 다른 한쪽은 정반대가 되기에 이른바 '제로 섬 게임'에 이른
다. 균형발전이 자본주의 경제에서 가능하다고 해도 그 주인공은 정부가
아니라 기업이어야 한다. 이미 1960년대 넉시(Nurkse)와 로젠스타인-로
단(Rogenstein-Rodan)의 균형발전 이론이 현실성 없다는 것은 이미 입
증된 바 있다. 그래서 자유경쟁 위주의 '지방분권'만을 일방적으로 강조
하거나 공평성 위주의 '균형발전'만을 너무나 강조하는데서 오는 모순을

제거하면서 어떻게 조화를 이룰 것이냐가 중요한데 선거용으로 성급히 내놓은 탓인지 참여정부는 이에 대한 아무런 대안이 없다.

이전 대상지로 입지 선정된 연기·공주를 놓고 보아도 과연, 수도권 과밀처방에 약효가 있을까 의심스럽다. 서울에서 천안·아산까지는 대체로 수도권의 연속으로서 도시적 토지이용이 이미 집약화되어 있다고 볼 수 있고, 천안·아산에서 연기·공주까지는 지척의 거리이다. 이곳으로 행정수도를 옮긴다면 서울에서 연기·공주까지의 도시화는 순식간에 이루어질 것이요, 결국 이것은 수도권 과밀의 분산이 아니라 수도권 면적의 확대에 불과할 것이다. 그것도 경인·경부축을 따라 벨트 모양의 길죽한 메갈로폴리스(Megalopolis)를 예상할 수 있다. 실제로, 경인·경부고속도로 주변 10Km이내의 인구는 대전 이남을 제외할 때 1970년 총인구의 38%에서 2000년의 55%로 집중이 강화되고 있음이 이를 잘 입증한다.

수도권(서울·인천·경기)을 과밀집중이라 하지만 그것은 인구규모나 토지면적을 단순 비교할 것이 아니다. 수도권의 인구비(수도권인구수/전국인구수)를 수도권 면적비(수도권면적/전국토면적)로 나눈 이른바 집중도로 따질 때, 우리의 경우(3.95) 도쿄권(7.41)보다도 낮고 파리권(8.35)보다도 낮기 때문이다. 수도권 과밀이라고 하지만 그것은 경인·경부고속도로변 10km이내의 지역(집중도 9.65), 그것도 대전까지가 시급한 문제로 부상하는 것이지 수도를 이전하면서까지 치료할 문제는 아니다. 수도이전이 국가균형발전을 위한 충정에서 계획되었다면 차라리 신행정수도는 영남이나 호남의 어디엔가 선정되어야 합당하다. 브라질의 수도처럼 흔히 낙후된 미개발지역의 개발을 촉진하기 위해 수도를 옮기는 사례도 있기 때문이다.

4. 수도이전의 비용과 경제적 전망은

　　노 대통령은 대선기간 중 수도이전에 투입되는 비용을 4~6조 원으로 개략 계산하여 발표했으나 수도이전을 반대하는 한나라당 측에서는 토지수용비, 주택건설비, 교통설비비, 문화시설비, 군사시설 재배치비 등 무려 73.6조 원으로 산출하여 발표하였다. 그후, 신행정수도 추진위원 측에서는 약 45.6조 원으로 계상하여 발표하면서 민간이 부담하는 부문은 대체투자의 성격을 띠므로 국민경제적 부담은 그 보다 훨씬 적은 것이라고 발표한 바 있다,

　　비용의 규모가 엄청나게 큰 것도 예상되지만 과거에 모든 국책사업이 그러했듯이 처음에 예상했던 예산을 몇 배 초과했던 사례를 우리는 너무나 많이 보았다. 특히, 그중에서도 신공항 건설비용과 경부고속철도 건설비용은 좋은 경험에 속한다. 여기에서 토지수용비용을 야당에서는 6.2조 원, 추진위원회 측에서는 4.6조 원으로 수정하여 발표하고 있으나 토지보상에 장시일이 소요되고, 기준일 변경 등 초과요인을 예상해야 된다.

　　뿐만 아니라 민간이 부담해야 할 부문은 대체투자의 성격으로 계상할 일이 아니라 기회비용의 성격으로 보아야 한다. 행정부에 엉킨 집적의 이익은 동식물의 생태 체인 만큼이나 줄줄이 연결되어 있어서 행정부가 이동하면 이들 체인 또한 줄줄이 이전비용을 감당해야 하고 이전을 하지 않은 경우에도 거래비용이 많아지거나 거래를 포기하는 경우가 생기기 때문이다. 서울이 갖는 세계적 이미지와 브랜드 때문에 서울을 찾거나 서울에 소재한 회사와 거래하는 경우, 역시 거래를 포기하고 다른 나라로 발길을 돌릴 경우는 얼만든지 있다.

　　거시적으로 보아, 수도 이전을 통해서 서울은 손실(loss), 충청권은

이득(gain)이라고 가상하더라도 수백 년 동안 구축되어 온 산업구조, 입지의 우위, 사업 및 지식의 네트워크가 일시에 붕괴되면서 오는 손실은 수도권이 짊어지고 있는 경제의 덩치가 거대한 만큼이나 엄청날 것이다. 그 손실은 수도권에만 한정되지 않고 여기에서 소외된 강원도, 영남, 호남에도 파급되어 국민경제 전체의 먹구름으로 나타나기 쉽다.

연세대 서승환 교수의 연구에 따르면 수도권 인구 2.5%(약 55만 명)가 충청권으로 이전하는 경우 경제성장률은 매년 1%포인트 하락하고 이를 2003년 명목 GDP 기준으로 환산하면 약 7.2조 원, 2030년까지 감소할 GDP는 약 144조 원이라고 했다. 우리는 이러한 사례를 독일의 수도가 본에서 베를린으로 옮기면서 경험한 사실을 배워야 한다. 뒤에서 논하겠지만, 독일의 수도이전은 양쪽이 모두 소득성장의 둔화를 경험하고 있기 때문이다.

지금, 우리의 경제사정은 매우 어려운 처지에 놓여 있다. 특히, 중소기업과 서민의 경제는 시체말로 죽을 맛이라고 한다. 소득이 없으니 소비가 없고, 소비가 없으니 생산과 서비스가 돌아가지 않는다. 차제에 이 엄청난 돈을 중소기업, 재래시장, 농민경제를 살리는데 투입했으면 얼마나 좋겠는가.

5. 여론 · 시기 · 절차는 어떠한가

영국의 시사주간지 이코노미스트 인터넷판(2004년 8월 13일)은 한국의 수도이전에 관해서 "수도이전의 결정과정은 국민들의 관심을 끌지 못했다. 비록 이전안이 국회를 통과했지만, 14세기 이후 줄곧 서울이 한국민의 수도였기 대문에 국민들은 이를 크게 주목하지 않는다."고 하면서 시민단체들은 엄청난 비용부담을 비난하고, 헌법소원을 통해 반대하고 있다고 적었다. 이 신문기사에서는 엄청난 비용부담으로 실패한 중미(中美)지역 벨리즈의 벨모판(1960~70년대), 호주의 캔버라(1911~1980년대), 브라질의 브라질리아(1950년대)를 사례로 지적하고 있다. 벨리즈는 신수도를 건설하려다 비용이 당초 예산의 4배로 치솟는 바람에 더욱 가난한 나라가 되었고, 캔버라는 시드니와 멜버른의 타협으로 1911년에 처음 시작되었지만 1980년대까지 건설사업이 지연된 사례이다. 브라질리아는 내륙개발을 목적으로 1950년대 후반 3년만에 광적으로 추진하다가 막대한 비용부담 때문에 국정이 휘청거릴 정도로 채무를 가중시켰다. 말레이지아는 1990년대에 큰 비용을 들여 푸트라자야에 새 수도를 건설하려다가 경제위기가 심화되자, 당시 마하티르 무하마드수상이 미래형 멀티미디어 도시건설계획으로 이를 축소시켰다.

미국의 블룸버그통신의 아시아 경제담당 칼럼니스트 윌리엄 페섹 주니어는 지난 16일, "한국은 수도이전보다는 현재 수도를 잘 활용하는 것이 중요하다."는 기사를 썼다. 그는 수도이전 비용과 이전시기, 통일된 한국의 수도 등을 거론하면서 수도이전에 부정적 견해를 피력하고 있다.

이 밖에 많은 반대 견해가 매스컴에 홍수처럼 쏟아지고 있는데,

"수도를 이전해도 이사는 하지 않겠다",

"수도이전의 대안은 얼마든지 있다",

"강원도와 영·호남의 소외는 생각해 보았는가",

"시기가 적절치 않고 보다 많은 연구검토가 필요하다",

"새로운 환경파괴는 생각하지 않는가",

"수도이전 계획이 국민통합적으로 추진되었는가",

"분산효과를 기대할 수 없다" 등등이다.

지난 7월 현대 리서치가 내놓은 여론조사에서는 수도이전을 반대하는 측이 53%, 찬성하는 측이 42%로서 특히 수도권과 부산권에서는 반대측이 훨씬 많았다. 이렇듯 반대의견이 많은 것은 신행정수도 건설의 정책사안이 국가의 막중 대사이니 만큼 국민합의에 의한 정당성 확보가 중요하다는 것을 반영하기 때문이다.

대선공약으로 내걸었던 충청권으로의 수도이전 계획은 작년 말에 신행정수도 건설 특별조치법이란 이름으로 국회의 동의를 얻는데 성공했고, 2004년 1월 16일에 공포됨으로써 법적 근거를 지니게 되었다. 물론, 여기에는 지금 야당도 충청권의 표를 의식해서 이에 동의하였다. 이어서 2004년 6월 주요국가기관 85개의 이전대상을 선정하고 8월에는 신행정수도 입지선정위원회가 충남의 연기·공주지역을 최적지로 선정 발표하였다. 이해찬 총리는 "이제부터 수도이전 사업을 정부가 정한 스케줄에 따라 굴려가겠다"고 선언했고, 건설추진위원장도 "금년부터 토지매입을 시작해서 2007년부터 착공할 것"이라고 밝혔다. 정부가 정한 스케줄대로라면 2011년까지 부지조성과 청사신축이 완료될 것이고, 2012년부터 중앙행정기관이 이전을 시작해서 2030년까지는 인구 50만 명 규모의 신행정수도가 완성된다.

앞에서 지적한 호주 캔버라의 건설이 1911년에 시작되어 1980년대까지 오래도록 지연되었던 사례를 보아도 계획대로 추진될지 의문이려니와 대통령의 선거공약 발표에서 신행정수도 특별조치법이 나오기까지의 기간, 약 1년 동안에 과연 이 국가의 막중대사에 관해서 얼마나 심도 있게 연구·분석이 있었으며, 얼마나 국민의 공감대가 확보되었는가에 의문이 많다. 시기적으로 보아서 대선을 앞두고 공약이 나왔고, 17대 총선을 앞두고 문제의 특별조치법이 국회를 통과했기 때문이다. 혹자는 대통령 당선이 곧 공약에 대한 국민의 합의가 아니냐, 국회를 통과하고 공포까지 했으니 법적 정당성은 확보된 것이 아니냐고 반론할 수 있다. 그러나 대통령의 당선은 바로 수도이전 공약 하나만으로 달성된 것이 아니고, 국회의 통과가 실질적으로 국민의 합의를 얻었다고 볼 수 없다. 왜냐하면 전 국민의 희생을 담보로 하는 정치적 책임성을 감안할 때, 법적 절차의 합법성만으로 신행정수도 건설정책의 정당성을 보장하는데 한계가 있기 때문이다.

참여정부는 2003년 24회, 2004년(6월까지) 3회의 공개 세미나 및 공청회를 개최하였기에 국민에게 정보공개와 공론의 장을 마련하기 위한 형식적인 절차는 이행하였다고 강변할 것이다. 그러나 일반적으로 공청회니 세미나니 하는 것은 진지한 연구·토론이기 보다 계획된 선전이오, 푸닥거리인 경우가 많고, 어떤 경우에는 이해당사자들의 육박전을 보는 경우가 있어서 국민의 동의를 구하는 절차적 정당성을 담보할 수 없을 것이다. 게다가 2003년 중 24회 개최된 공청회와 공개세미나 중에 8회는 11월과 12월 초까지 집중적으로 행하여저서 12월 말에 서둘러서 통과시킨 '…… 특별조치법'과 함께 머지않아 다가올 총선을 위한 대비책이었음을 쉽게 판단할 수 있을 것이다. 그리고, 2004년 6월까지는 도합 27회의 공청회와 공개 세미나가 실시되었지만 거기에서 토론되는 주제는 대체로 신행정수도 건설의 규모, 형태, 입지 등에 관한 것이지 이유와 목표의 정당성, 실현가능성, 손익계산 등에 관해서는 27회 중에 단 2회 뿐이었다. 이에 관해서는 '……특별조치법'이 통과되기 이전에 심도있는 연구와 토론을 거쳐야 했다.

또한, '……특별조치법'이 2003년 12월 8일 국회건설교통위원회에

서 심의 과정을 거칠 때 공청회 개최에 관한 의견절차를 생략함으로써
역시 중대한 절차적 정당성을 지키지 못한 점을 인정치 않을 수 없다. 수
도이전에 대한 국민의 반대 여론이 만만치 않은 실상은 바로 이상과 같
은 국민과의 합의에 이르는 절차적 하자의 반영이라고도 보아야 할 것이
다.

6. 서울의 위상과 통일문제는

　수도 서울은 한성 백제 약 500년과 36년의 일제 강점기까지를 고려
하면 실로 1500년이 넘는 고도(古都)이다. 파리와 로마가 그러하듯이 오
랜 수도는 그 이름만으로도 브랜드 값을 받는다. 파리뿐만 아니라 일본의
도쿄, 영국의 런던도 인구와 부의 중앙 집중에 골머리를 앓지만 변함없는
수도요, 세계도시(global city)로서의 역할과 상징성은 그것 자체가 부의
흡인력이다. 파리와 로마는 문화도시로서 브랜드 값을 받고, 도쿄와 런던
은 금융도시로서 브랜드 값을 톡톡히 받고 있기 때문이다. 서양 사람들
속담에 "파리를 보면 프랑스 전체를 알 수 있지만, 베를린을 보아도 독일
전체를 알 수 없다."는 말이 있듯이 예로부터 프랑스는 그 만큼 중앙집권
력이 강하고, 독일은 봉건시대의 분권체제가 그만큼 오래 계속된 결과를
두고 이르는 말이다.
　우리의 서울은 한반도 전체의 공간적, 시간적 축소판이나 마찬가지이
다. 각지방 음식의 진미는 현지보다 오히려 서울에서 찾기 쉽고, 서울에
서는 고대로부터 현대에 이르기까지 민족 역사의 경관(景觀)이 고스란히
남아 있기 때문이다. 광화문에서 북악산 쪽으로 조선시대 500년의 고궁

이 있고, 광화문에서 남산까지는 지금의 프레스센터(일제의 경성일보 터)와 시청(일제의 경성부청), 그리고 일본인 옛 주거와 상가 등 강점기의 잔영을 볼 수 있는 곳이다.

강남의 테헤란로는 고층 빌딩의 숲과 함께 소위 벤처 밸리로 통하고, 여의도와 을지로 입구는 금융가로 붐빈다. 이들 지역에서는 다국적기업에 종사하는 고급인력들이 밤낮없이 정보전쟁을 치루고 있다. 세계가 개방화되면서 이러한 전쟁은 날로 치열해지고 있으며, 여기에서 벌어지고 있는 경쟁력은 곧 국가의 경쟁력이고, 국가발전의 미래는 곧 여기에 달려 있다. 서울의 경우, 88서울올림픽과 2002월드컵의 개최, 인천국제공항의 건설, 그리고 한국이 세계적 IT산업의 왕자로 등장하면서 이른바 세계도시로서의 면모를 일신하고 있을 뿐 아니라 한쪽으로는 중국의 베이징과 샹하이, 다른 한쪽으로는 일본의 도쿄와 경쟁하여야 한다. 그래서 정부는 2003년 4월에 동북아 경제중심 추진위원회를 발족시킨 것 아니던가. 일본은 자본과 기술수준에서 이미 우리를 앞서 있고, 중국은 광대한 국토와 자원, 그리고 저렴한 노동력으로 엄청난 고도성장을 계속함으로써 우리를 바짝 뒤쫓고 있다. 피나는 경쟁은 동북 아시아 뿐 아니다. 통합된 유럽에서도 세계도시를 놓고 로마, 파리, 런던, 베를린, 프랑크푸르트가 사생 결단이다.

이러한 상황에서 수도를 옮긴다는 것은 곧 서울의 이미지와 브랜드 값에 부정적 영향을 미치고, 결국에 가서 서울의 경쟁력을 약화시키는 결과나 다름없다. 서울이 경쟁력을 잃으면 정부 스스로가 외쳤던 동북 아시아 허브로서의 꿈은 커녕, 국가 전체의 경쟁력은 물거품이 된다. 그렇지 않아도 정부의 까다로운 규제와 강성노조 때문에 외국의 민간기업이 투자를 기피하는 터가 아니던가

한편, 참여정부는 수도 이전계획을 작성함에 있어서 한반도 통일 문제를 고려한 바 있는지 묻고 싶다. 그렇지 않고서야 햇볕정책의 시행 이후, 그 어느 때보다도 통일의 가시거리는 가까워져 있는 상황인데 수도를 남쪽으로 끌어내릴 이유가 없기 때문이다.

충청권의 연기·공주는 남한만으로 볼 때 대체로 중심부에 해당한다. 남한만의 중심부에 수도를 삼자는 것은 곧 통일을 포기하자는 것으로 볼 수도 있을 것이다. 수도 이전이란 수백 년 앞을 내다보고 결행하는 막중한 대사이고, 한번 결정되면 장소의 관성 때문에 시간이 지날수록 움직이기 어렵다. 통일된 독일이 본래의 수도 베를린으로 옮길 때 본(Bonn)의 저항이 극심해서 부분 이전으로 만족할 수밖에 없었던 사실은 우리에게 좋은 교훈이다.

만약에 우리가 통일이 되어 연기·공주를 또다시 북쪽 어딘가로 옮긴다면 연기·공주는 그야 말로 '황성 옛터'가 될 것은 불을 보듯 뻔한 일인데, 그토록 거센 여론을 뒤로 하고 많은 예산을 낭비할 까닭이 무엇인가. 과연, 노 대통령은 지난 2월 24일 방송기자클럽 토론회견에서 통일수도를 판문점이나 개성쯤 어디에 상징적으로 둘 수 있을 것이란 구상을 피력한 바 있다. 표밭 챙기려면 무슨 말이든 거침이 없는 것이 정치인들의 행태이지만 수도 이전을 대학생 하숙집 옮기듯 생각하니 앙천대소할 일이다. 아니 1000년 이상을 우리 민족이 선호한 서울은 어디 두고 통일이 되었기로 어디로 옮긴단 말인가.

김정일에게 물어보자. 통일이 되면 북한의 수도 평양을 쉽게 버릴 것인지? 한반도의 영원한 통일수도 평양을 생각하고 그 웅장한 주체사상탑과 인민대학습당, 그리고 김일성 광장을 만들었고, 심지어 통일을 이룩할 때 국가의 역사성과 정체성의 우위를 확보하기 위하여 시조 단군의 능묘

까지 거창하게 성역화한 것이 아닐까, 우리는 곰곰 생각해 볼 일이다.

7. 도쿄와 베를린의 교훈

일본의 도쿄와 우리의 서울은 과밀현상에 있어서 비슷한 고민을 안고 있기에 일본의 수도이전 논의가 우리에게는 좋은 사례가 될 것이다. 이에 대해서 독일의 베를린은 서독의 수도 본(Bonn)에서 본래의 통일수도로 옮겼을 뿐이나 옮기는 과정과 그 결과가 무엇인지 역시 우리에게는 좋은 교훈이다. 일본 열도는 오사카 – 나고야 – 도쿄를 잇는 이른바 태평양 벨트가 인구와 산업으로 만원이다. 장차, 우리의 서울 – 대전 간 고속도로 축이 길죽하게 도시화될 것을 예상하면, 일본과 한국의 과밀현상은 많이 닮아 있다. 서울 중심의 수도권이 만원인 것처럼 도쿄 중심의 일본의 수도권 역시 만원이다. 우리의 수도권 땅값과 집값에 버블이 심한 것처럼, 도쿄의 버블 또한 극심하다.

과밀을 분산시키기 위한 일본의 수도 이전 논의는 1975년 신수도문제 간담회를 발족하면서 1977년과 1987년 제3차, 4차 국토총합개발계획에서 본격적으로 구체화된다. 1990년 12월에 국회와 주요 정부부처의 지방이전이 결의되었고, 1991년에는 이에 대한 특별위원회가 구성되어 구체적인 실행계획 작업이 시작되었다. 1991년에서 2003년까지 특별위원회 146회, 참고인 조사 50회(95명), 정부 질의 8회, 그리고 위원들의 해외조사 · 시찰 등 무려 12년 동안 연구와 토론 끝에 결국 2003년 5월에 최종결정을 유보하고 위원회를 해산함으로써 실질적으로 수도이전은 포기한 상태가 되었다.

그동안에 고베 지진(1995년)으로 인해서 수도이전의 논의가 열을 더한 때도 있었고, 한때 도쿄도(都) 스스로가 "제발 국회와 행정부는 도쿄에서 나가 달라"고 주장한 일도 있었다. 지금의 총리 고이즈미가 자민당 총재 선거 때에도 수도이전과 우편민영화를 선거공약으로 내세울 정도이었다.

이렇듯 열을 올렸던 일본의 수도이전 논의가 막을 내린 이유는 첫째로 막대한 비용투입, 둘째로 부동산 버블의 붕괴, 세째로 국민의 부정적 여론으로 요약될 수 있다. 도쿄의 지가가 절반 이하로 떨어지고 금융계의 도산이 이어지면서 일본의 경제가 장기불황으로 이어지자 과밀해소의 실익이 없는 예산낭비를 거부하기에 이른 것이다. 그러나 무엇보다도 수도이전에 대한 일반 국민들의 관심이 약했고, 특히 도쿄 주민들은 부동산 버블이 가라앉은 마당에 도쿄가 갖는 세계도시로서의 위상이 떨어지는 것을 우려하여 적극 반대로 돌아섰다.

우리의 정부가 수도이전에 대한 연구와 논의를 단 몇 달 동안 거치고 금년부터 토지수용에 들어간다는 발상과 잘 비교가 될 것이다. 그리고 수도이전과 같은 역사적 대사는 국민의 여론수렴이 무엇보다도 앞서 중요하다는 교훈이다.

1949년 11월 3일 패전으로 분단된 서독은 '잠정'이란 단서를 달아서 본(Bonn)을 임시수도로 정했다. 베를린으로 환도된다는 명제 때문에 공공기관의 건물도 신축하지 않고 있다가 1973년 1월 브란트총리가 '연방의 수도는 본'이라고 선언하고 본과 연방정부 사이에 '본 협정'이 체결되자 각종 공공건물의 신축, 증개축에 연방정부의 보조금이 지급되기 시작했다.

1989년 베를린 장벽이 붕괴되고, 1990년 10월 3일 콜총리가 독일의 통일을 정식 선언하자 베를린으로의 환도는 당연한 순서이었다. 그렇지만 환도론자가 강조하는 논리는 '통합 유럽의 중심국가가 되고, 동·서독 발전의 격차를 해소하자면' 당연히 옮겨야 한다는 것이었다. 찬성론자들은 콜총리가 이끄는 기민당과 동독 출신 의원들이며 개발효과를 기대한 베를린 인근의 브란덴부르크, 작센안할트주 등 북부지방 의원들이 이에 가세하였다.

이에 대해서 반대론도 거세었다. 가장 심하게 반대하는 곳은 물론 본(Bonn)이고, 본이 속해 있는 노르트라인·베스트팔렌주로서, 반대의 논리는 첫째로 40년 간 구축한 선진화된 산업구조와 네트워크를 포기할 수 없다는 것, 둘째로 막대한 통일비용을 감내해야 하는 상황에서 수도이전 비용까지 낭비할 필요가 없다는 것, 세째로는 국가경쟁력 제고를 위해서는 기개발지역에 투자를 집중하자는 것이었다. 이에 동조하여 앞장선 층은 관리, 학자, 기업인 등 주로 중산층이었다.

찬반 시위는 끊이질 않았고, 본 일대의 부동산 가격은 폭락 조짐이 완연할 뿐 아니라 수많은 공청회와 토론회가 열렸다. 이러한 진통 끝에 결국 1991년 6월 20일 베를린 이전안은 연방의회에 부쳐져서 338 대 320으로 가결되었고, 1994년 12월에 외무성을 비롯한 핵심 10개 부처가 이전하고 환경성 등 6개 부처는 본에 남는다는 조건으로 베를린·본 이전 법률안의 통과를 본 것이다. 결국, 절반의 지지만으로 완전 천도가 어렵고, 독일을 양육할 본 등 남부 지방의 급격한 경제위축을 막기 위해 고민 끝에 내린 결정이었다.

결과는 어떠한가? 수도이전 찬성자들이 주장했던 가장 큰 명제는 통일된 독일의 위상을 회복하고, 균형성장을 꾀하는 것이었다. 그러나 최근 구 동독지역의 실업률은 18%를 넘어섰고, 서독지역은 9% 전후이다. 특히, 수도 베를린과 이를 에워싼 브란덴부르크주는 거의 19%, 작센안할트주는 20%를 상회했다. 구 동독지역의 한복판에서 독일의 경제격차를 줄이고 균형화의 견인차 역할을 하려던 꿈은 깨어지고 막대한 통일비용이 경제의 활기를 가로막게 된 것이다.

박성조 베를린 자유대학 교수는 투자 저해요인 중에 가장 중요한 것은 당해지역에 존재하는 산업구조와 기업연결관계이며, 그 다음으로 노사관계 및 노동자의 노동의욕이라고 지적하면서 정부주도의 균형발전은 불가능하며 기업의 자유로운 역할이 중요하다고 피력하고 있다.

본 중심의 중산층들은 이곳을 떠나려 하지 않았고, 기업인들 역시 40년 간 구축한 산업구조, 산업입지의 우위성, 비지네스와 지식기반 네트워크 때문에 불이익을 감수하면서 떠날 수 없었다. 결국, 수도이전은 반쪽의 이전이면서 본이나 베를린이나 간에 모두가 어려움을 겪고 있는 좋은 사례이다.

8. 결론

수도권 과밀을 해소하기 위한 노력은 1960년대 무임소장관실에서 시작하여 오늘에 이르기까지 꾸준히 계속되어 왔다. 개발제한구역의 설정이나 수도권 정비계획 등 많은 수단이 과밀억제를 위해서 실시되었지만 결국 수도권의 인구는 한국 인구의 약 절반에 육박하고 있다. 그동안 시행되었던 과밀억제의 약효가 없었다는 뜻이다. 필자는 이것을 한국정치와 관료사회의 파행적 행태 때문이라고 말하고 싶다. 법과 규제를 만들면 무엇하나, 선거 때만 되면 표얻기 위해서 야금 야금 풀어주는 것을……．

쉬운 예를 들어보자. 한동안 수도권 인구억제를 위해서 대학인가와 인원증원을 규제하고 있었으나 어느 틈엔가 여러 가지 구실을 앞세워 케이스 바이 케이스로 많이 풀어 주었다. 대학의 분교를 인가할 바에는 수도권이 아니라 개발이 덜 된, 그리고 멀리 격리된 곳에 인가를 했더라면 수도권이 오늘 같지는 안 되었을 것이다.

개발제한구역만 하더라도 예외는 아니다. 한동안 이것은 과밀억제의 특효약으로 알려져 왔었으나 양김(兩金) 대통령 이후 사유재산을 규제할 수 없다는 이유로 이 구실 저 구실을 대어 조금씩 풀어 주었다. 그 결과는 푸른 산천을 누덕 누덕 갈아엎고 도처에 가든과 모텔과 팬션 천국을 만들었고, 여름철이면 홍수와 산사태가 연중행사처럼 되풀이되고 있음을 보고 있다.

참여정부는 이 시점에서 수도이전계획의 추진을 중단해야 된다. 경제적으로 어려운 시기일 뿐 아니라 계획을 밀고 가기에는 아직도 진지한 연구와 토론과 국민의 합의가 부족하기 때문이다. 그리고 우리와 흡사한 고민을 안고 있는 일본의 수도, 도쿄도 그러하거니와 세계 도처에서 수도이전으로 재미를 본 곳은 별로 없기 때문이다. 또한, 투입되는 비용도 엄청나지만 지금까지 양생된 서울의 국제적 위상과 브랜드 가치도 생각해야 된다. 충청권에의 이전이라면 과밀분산의 효과도 의심스럽고, 통일된 한반도를 생각할 경우에는 손익계산이 또 달라진다.

수도이전의 대안으로는,

첫째 중앙정부를 축소하고 지방분권을 내실화하는 일,

둘째 각 권역마다 특성에 맞는 기업도시와 혁신 클러스터를 육성하는 일,

세째 대학의 지방분산 및 인수 · 합병을 장려하는 일,

네째 서울·수도권의 카운터 파트로서 영남의 남동 임해벨트와 호남의 새만금 간척지를 활용하는 일 등이 있을 것이다.

태조 이성계는 계룡산 신도안에 궁궐을 짓기 위해 주춧돌을 다듬다가 10개월 만에 한양으로 철수했다. 이번의 연기·공주에서는 행여 이러한 일이 없기를 간절히 기원한다.

6_ 수도이전을 반대하는 이유

황명찬_ 건국대학교 명예교수

1. 서론

2004년에 들어와서 참여정부의 신행정수도 건설 프로젝트가 본격적으로 추진되면서 그에 관한 찬성과 반대로 국론이 양분되다시피 하고 있다. 그럼에도 불구하고 학계에서 그에 관한 학문적인 깊이 있는 토론은 없고 정치권의 피상적인 찬성과 반대와 비슷한 양상을 보이고 있다. 이 글은 이 문제를 학문적인 관점에서 논의하여 수도이전의 타당성을 검토하고자 한다. 정부의 발표를 보면 신행정수도를 건설하는 것은 국토균형개발을 위하여 그리고 수도권의 과밀을 해소하기 위하여 '극약 처방' 으로 하는 것이라고 한다.

행정수도이전에 관여하고 있는 혹자는 그동안 '700가지의 시책' 을 써 보았지만 별 효과가 없어서 극약 처방으로 수도이전을 하게 된 것이라 주장한다. 국토개발과 지역개발에 관한 연구로 많은 시간을 보낸 필자는 이 시점에서 과연 신행정수도 이전이 필요하고 타당한 것인지 납득이 되지 않으며 설득력 있는 어떤 경험적 연구나 이론적인 주장을 보지 못하였다.

한 위중한 환자에 대하여 한쪽 의사는 그동안 약물치료가 효과가 있으니 계속하자고 주장하는데 다른 한쪽의 의사는 그동안 치료는 별 효과가 없으니 이제는 마지막 처방으로 심장수술을 해야 한다고 주장한다. 병을 치료해야 할 의사들에게 있어서 중요한 것은 외과적 수술이냐, 약물치료냐에 관한 그들의 가치관이나 선호도가 아니라 환자의 병에 관한 정확한 진단과 그 진단에 근거한 효과 있는 처방이다. 모든 현대 의학적 검사에 근거하여 볼 때 그동안의 치료가 환자의 병을 낫게 하고 있는지, 별효과가 없는지를 판단해야 한다. 기존의 치료방법으로 병이 잘 치유되고 있다는 객관적 증거가 있다면 그 방법을 계속하면 될 터이고 만일 별 효과가 없어 병의 차도가 없다면 새로운 치료방법을 찾아봐야 한다. 이때 검토 대안의 하나로 외과적 수술을 생각해 볼 수는 있다. 그러나 그것은 엄청난 비용과 고통 그리고 생명을 잃을 수도 있다는 큰 위험성이 따르기 때문에 다른 모든 대안이 다 효과가 없을 것이란 확신이 있을 때에만 고려되어야 하는 것이다.

신행정수도의 이전 문제도 같은 맥락에서 검토되어야 한다. 과연 그동안의 국토개발정책과 여러 가지 지역정책이 아무런 효과가 없었는가? 이것은 지역의 개발상태에 관한 진단의 문제가 될 것이다. 효과가 없었다면 수도이전이 유일한 최선의 치유책인가? 이것은 처방의 문제이다. 우리 나라 여러 지역의 발전에 관한 진단결과 그동안의 시책들이 효과를 거두고 있다면 수도이전은 필요성과 타당성 모두를 상실한다. 반대로 그동안의 시책들이 지역문제 해결에 별 효과를 발휘하고 있지 못하다는 경험적 분석이 나온다면 새로운 치유시책으로서 수도이전이 과연 유효하고 타당한 것인가를 신중히 검토하여야 한다.

2. 좁혀지고 있는 지역 간 소득격차

지역정책과 관련하여 특히 개발도상국가에서 자주 등장하는 공통적인 지역문제는 발전의 지역 간 격차, 대도시의 과밀, 그리고 도시 - 농촌 간의 격차 등 세 가지로 압축된다. 신 행정수도의 이전 역시 국토 및 지역의 균형발전과 수도권의 과밀해소를 위하여 필요하다고 주장한다. 그러므로 여기에서는 균형발전에 관하여 우선 논의해 보고자 한다. 무엇의 어떤 상태를 지역균형발전이라 정의하는지 분명히 밝히는 것이 앞으로의 '논의를 위하여 필요하다.

한 나라의 여러 지역들의 발전수준이 비슷한 것을 가리켜 지역의 균형발전이라고 보아서 크게 무리는 없을 것이다. 모든 지역의 발전수준이 다 같을 수는 없으며 따라서 동일한 발전수준을 달성하는 것을 지역정책의 목표로 삼을 수는 없다. 오히려 현실적으로 타당한 목표는 지역 간 발전수준의 격차를 좁혀 나가는 것이다. 지역의 발전수준은 1인당 소득, 고용기회, 사회간접자본 등 여러 가지 지표로 측정할 수 있지만 1인당 소득이 지역발전 정도를 나타내는 지표로 많이 사용된다. 각 국가별 1인당 GNP로 선진국이냐 후진국이냐를 구분하듯이 1인당 GRDP(지역총생산)으로 지역의 발전수준을 측정할 수 있다. 지역 간 소득격차를 좁히는 것을 지역균형 정책의 목표로 삼을 때 1인당 GRDP로 측정하여 지역 간 소득격차가 발전수준이 비슷한 다른 나라에 비하여 더 큰가 그리고 해를 거듭 할수록 지역 간 소득격차가 더 좁혀지고 있는가 아니면 더욱 확대되고 있는가를 아는 것이 매우 중요하다.

우리 나라 통계청은 1986년 이후 매년 시도별로 지역내총생산 (GRDP: gross regional domestic product)을 추계하여 발표하고 있다. 그 이전 년도에 관한 것은 구 내무부가 추계 발표한 주민소득연보가 있고, 1960년대 초의 것은 한국은행의 자료가 있다. 이러한 자료를 종합하여 분석해 보면 1960년대 이후 우리 나라의 지역 간 소득격차가 더 넓어졌는가 아니면 더 축소되었는지 그 변화의 추세를 알 수 있다. 시도별 1인당 GRDP를 가지고 격차(편차)를 보여주는 변동계수(coefficient of variation: 여기서는 격차지수라 부름)를 계산하여 지역 간 소득격차의 추이를 보면 다음과 같다.

<표 1> 한국의 지역 간 소득격차의 추이

년도	변동계수 (격차지수)
1963	0.259
1966	0.331
1970	0.302
1975	0.229
1985	0.186
1990	0.167
1995	0.187
2000	0.250
2002	0.254

그동안 우리 나라 지역 간 소득격차는 1966~1970년도를 정점으로 하여 그 이후는 점차 축소되고 있는 추세이다. 장기적으로 볼 때 한국의 지역발전은 균형화의 방향으로 추진되고 있음을 보여 주는 것이다. 다만 2000년 이후에 다소 격차가 확대되고 있는 것은 IMF이후 경제가 침체됨에 따라 수도권에 대한 토지이용규제 등 여러 가지 규제와 억제시책 등을 완화한데 기인하는 것으로 보여진다.

지역정책은 이른바 과밀지역(경제적 선진지역)에 대한 억제시책과 낙후지역에 대한 지원시책으로 구성된다. 국가경제가 어려울 때는 과밀지역에 대한 억제책보다는 낙후지역에 대한 지원책에 더 큰 역점을 두는 것이 상례이다. 그러한 예는 영국의 지역정책에서도 분명하게 보여지고 있다. 영국에서는 1970년대 중반부터 국가경제가 어렵게 되자 지역정책을 축소조정하지 않을 수 없었다. 국가 경제성장(능률성)을 위하여 지역균형발전(형평성)이란 정책목표를 어느 정도 희생하지 않을 수 없었다.

고이찌 메라는 연구를 통해 일본의 지역 간 소득격차의 축소시책을 강도 있게 추진하면 그 만큼 국가경제 성장의 희생이 초래됨을 보여 주고 있다. 위의 분석에서 우리 나라가 그동안 추진해왔던 국토 및 지역정책이 전혀 효과가 없었던 것이 아니고 오히려 상당한 성과를 거두고 있었음을 알 수 있다. 그러므로 "700여 가지 시책"을 다 써 보았지만 효과가 없어서 극약처방으로 행정수도를 이전하지 않을 수 없었다는 정부의 주장은 경험적으로 볼 때 전혀 타당성이 없는 것임이 드러났다.

우리 나라도 수도이전과 같이 비용에 비하여 효과가 의심스러운 극단적인 시책이 아닌 그동안 우리가 사용했던 그리고 다른 나라에서 효과가 입증된 시책들을 사용하여 균형잡힌 지역발전을 충분히 달성할 수 있을 것이다.

3. 지역발전의 수준과 속도

여기에서 우리 나라 지역의 발전수준과 속도를 좀 더 구체적으로 분석·검토하여 지역발전의 실상을 보고자 한다. 1995년에서 2000년까지 최근 5년 간 우리 나라 시도별 1인당 GRDP의 연평균 성장률과 2000년의 1인당 GRDP를 기준으로 시도의 발전수준과 속도를 비교해 보면 다음 표와 같다. 경기, 충북, 충남, 경북, 전남 등 5개 지역은 성장률도 높고, 소득수준도 높은 선진지역이라 할 수 있겠고, 반대로 대구, 대전, 부산, 광주, 강원, 제주, 인천, 전북 등 8개 지역은 소득수준이 낮고 성장속도도 낮은 낙후지역에 해당된다.

흔히 인구규모가 큰 도시들이 경제적으로 부유한 지역이라는 일반의 통념과는 전혀 다른 양상을 보여 준다. 지역정책의 입장에서 볼 때 우선 지원 대상지역은 바로 부산, 대구, 광주, 강원 등 이러한 낙후지역이지 충북, 충남과 같은 선진지역은 아니다. 대구는 사양산업인 섬유산업에 주로 의존한 취약한 지역경제구조를 갖고 있고, 부산도 역시 저성장산업인 합판, 신발 등의 산업에 주로 의존하고 있는 취약한 지역경제기반을 가지고 있다. 낙후지역 중에서 대구, 부산, 광주 등 지역중심도시는 인구규모도 크고 주변지역에 대한 경제적 파급효과도 크기 때문에 이들 지역의 침체는 나라 전체의 침체와도 직결된다. 이러한 지역들은 실업률이 타 지역에 비하여 높은 편이다. 따라서 지금 시급한 지원을 필요로 하는 지역은 바로 이러한 경제적 기반이 취약한 지역들이다.

<표 2> 한국지역의 발전상태

		1인당 GRDP 성장률(1995~2000)	
		평균이상	평균이하
1인당 GRDP <2000년>	평균이상	<선전지역> 경기, 충남, 충북, 경북, 전남	<침체지역> 서울, 경남
	평균이하	<발전도상지역>	<낙후지역> 대구, 인천, 대전, 전북, 부산, 광주, 강원, 제주

4. 큰 문제가 아닌 수도권의 과밀문제

정부 측의 주장으로는 행정수도이전이 수도권의 과밀해소를 위하여 필요하다고 한다. 수도권의 과밀이 무엇을 지칭하는 것인지, 그리고 그 과밀이 해결하여야 할 정책문제로서 한국에만 있는 비정상적인 현상인지를 검토해 보아야 한다.

통념적으로 한 지역에 인구와 산업이 다른 지역에 비하여 과도하게 집중되어 있으면 그러한 현상을 과밀이라 한다. 이러한 통념으로 보면 수도권의 과밀은 다른 지역에 비하여 인구와 산업이 과도하게 집중된 상태를 말하며 그러한 과밀은 바람직스럽지 못한 것으로 간주한다.

우선 결론부터 말하면 지역이 과밀이냐 아니냐를 판단할 수 있는 객관적 기준이 없다. 그리고 거의 모든 나라의 지역 간 그리고 지역 내 인구와 산업의 분포 패턴은 거의 예외 없이 집중된 분포를 보이고 있으며 그것이 지극히 정상적이라는 것이다. 2000년을 기준으로 우리 나라의 각 지역 내 인구 분포를 보면 그 지역의 인구의 40%~ 50% 가량이 그 지역의 가장 큰 도시나 몇 개의 도시에 집중되어 있다. 수도권의 인구는 52.4%가 서울시에 집중되어 있고 충청북도의 인구는 40%가 청주시에 집중되어 있다. 전라북도의 경우 전주, 군산, 익산시에 64%의 인구가 집중되어 있으며, 제주도의 인구 가운데 54%가 제주시에 집중되어 있다. 전남과 광주시를 합쳐 볼 때 광주에 40.3%의 인구가 집중되어 있으며 경북과 대구 및 다른 지역에도 동일한 집중된 분포 패턴을 보이고 있다. 우리 나라보다 면적이 클 뿐만 아니라 사실상 하나의 국가인 미국 캘리포니아주의 2000년 인구 중 40%가 LA, 오렌지 카운티(Orange County), 그리고 샌디에고 (San Diego) 등의 도시지역에 집중되어 있다. 이러한 현상은 일본에서도 예외는 아니다.

우리는 흔히 미국 전체와 비교하여 우리 나라의 수도권에 인구와 산업이 과도하게 집중되어 있다고 보기 쉽다. 그러나 미국은 일종의 국가연합의 형태를 취하고 있으므로 미국의 주와 우리 나라를 비교하는 것이 보다 타당하며 합리적이다. 미합중국과 비교하려면 한국, 중국, 일본, 태국, 말레이시아 등 여러 아세아 국가를 묶어서 비교하는 것이 옳고 그렇게 비교하면 미합중국의 인구와 산업의 공간분포와 크게 다르지 않다.

현재의 도시산업문명 속에 있는 어떤 나라나 가장 기초단위의 촌락에서 그보다 조금 큰 소도시, 중도시, 대도시(metropolis), 그리고 거대도시(megalopolis)에 이르기까지 인간정주체계 (human settlement system)는 모두 피라미드와 같은 계층구조(hierarchial structure)를 취하고 있다. 그것은 인간이 국토공간상에서 경제, 사회활동을 능률적으로 수행하려 할 때 출현하는 공간조직형태로서 정도의 차이는 있지만 모든 나라에서 거의 예외 없이 발견된다.

모든 나라가 도시 계층구조를 보이고 있다고 하더라고 그 계층구조에도 많은 차이를 보인다. 어떤 나라는 순위-규모분포(rank-size distribution)를 보이는가 하면 어떤 나라는 대도시 편중적 도시 규모분포(primate city size distribution)를 보이기도 한다. 순위-규모분포에 따르면 한 나라에서 제 2위의 도시규모는 제일 큰 도시 규모의 반이되고 3위의 도시는 1/3, 4위 도시는 1/4……식으로 된다는 것이다. 그것과는 달리 대도시 편중적 도시규모분포는 제일 큰 도시의 규모가 다른 하위도시들 특히 중간층의 도시들에 비하여 지나치게 큰 분표형태를 말한다.

그러나 어떤 나라를 막론하고 모든 인구와 산업이 모든 지역에 균일하게 분포된 나라도 없거니와 싱가포르와 같은 도시국가를 제외하고는 어떤 한 지역에 인구와 산업이 전부 집중된 나라도 없다. 지극히 상식적이고 통념적인 수준에서 어떤 도시지역에 인구와 산업이 과도하게 집중되어 있는 것을 문제로 보고 그것을 해소하기 위하여 그 지역에 대한 강력한 입지규제나 그 지역으로부터의 인구와 산업의 분산을 유도하기 위한 여러 가지 시책을 사용한다. 2차대전 후 영국에서 그러하였고, 지금까지 우리 나라의 지역정책 역시 그러한 통념적 수준에서 크게 벗어나지 못하고 있다. 이번 행정수도 이전의 필요성으로 내세운 수도권 과밀해소도 역시 그러하다. 이제 그러한 상식적 차원에서 무리한 지역정책을 펴기보다는 보다 과학적이고 합리적인 차원에서 접근할 때가 되었다.

인구의 공간분포가 적정한가에 관한 이론적 연구의 하나로 도시 최적규모(optimum city-size) 연구가 있었다. 기업에 최적 생산규모가 있듯이 도시도 최적규모가 있다는 가정 하에 이느 규모가 최적인가를 알기 위한 경험적 연구가 있었다. 만일 최적규모가 존재한다면 그 규모 이상의 도시는 모두 과밀도시로서 분산 대상이 될 것이고 최적규모보다 적은 도시는 다 육성대상이 될 것이다. 이 이론은 최적규모의 도시를 정하기 위한 비용 및 편익측정의 기술적 어려움도 문제거니와 보다 근본적인 문제는 인구의 계층적 분포 패턴과 상충된다는 점이다. 어떤 정주단위의 인구규모는 정주체계의 계층구조 속에서 그 위치에 따라 다르기 때문에 도시의 최적규모 이론은 발붙일 수 없게 되었다.

브라이언 베리(Brian Berry)와 샤크스(El Shakes)에 의한 도시 규모분포와 경제발전의 관계에 관한 연구는 매우 중요한 연구들로서 우리에게 시사하는 바가 크다. 국토공간상 인구분포의 과밀이 좋고 나쁜가의 여부는 그러한 공간분포가 국가경제발전에 도움이 되는 것인가의 여부와 밀접한 관계가 있기 때문이다.

수도권의 과밀이 그 자체로서 좋고 나쁜 것이 아니고 그것이 국가경제발전에 기여하는 것인가 반대로 발전을 저해하는 것인가에 따라 결정될 것이기 때문이다. 브라이언 배리의 연구는 종주도시(최대도시, primate city)의 축소가 국가발전을 가져온다는 증거를 제시하지 못하였다. 그는 미국, 벨기에와 같이 도시 - 산업 경제가 발전한 나라, 브라질과 같이 규모가 큰 나라, 그리고 인도와 중국같이 도시화의 역사가 오래된 나라는 대체로 도시가 순위 - 규모분포를 보여 주고 반대로 태국과 같이 저개발 상태의 국가나 대제국의 수도를 가진 포르투갈과 같은 나라는 대도시 편중적 도시 규모분포를 보인다고 하였다.

다음으로 엘 샤크스의 연구는 종주적 분포 패턴도 국가의 발전단계에 따라 다르게 나타남을 보여 준다. 그는 모든 정주공간에 인구가 균일하게 분포되면 0이 되고 하나의 정주공간(도시)에 그 나라의 전체인구가 집중(완전한 종주적 도시 분포)되면 1이 되는 새로운 통계지수를 사용하여 75개국의 발전수준과 종주 도시화 정도의 관계를 연구하였다. 그는 발전의 초기 단계에서는 종주 도시화의 정도가 낮고 중간 단계에 이르면 종주 도시화의 정도가 피크를 이룬 후 고도발전단계에 이르러 다시 낮아지는 현상을 발견하였다.

위의 두 연구가 시사하는 것은 도시 인구집중 패턴과 대도시 인구집중 정도는 나라와 그리고 발전 단계에 따라 다르게 나타난다는 것이다. 같은 발전단계의 국가 간에도 분포 패턴이 다르게 나타날 수 있다. 이것은 결국 경험적으로 그리고 이론적으로 나라 전체인구의 공간 분포 패턴이 정상인지 아닌지, 그리고 어떤 특정 지역의 인구집중정도가 과밀한 것으로 정책적으로 해결해야 할 것인가를 판단할 수 있는 객관적 기준이 없다는 것을 의미한다. 일본의 지역경제학자 고이찌 메라 교수는 오히려 대도시의 산업의 집적과 큰 인구집중이 국가경제성장의 원동력이며 그 것을 축소하려고 하면 그만큼 경제 성장률의 둔화를 가져온다고 그의 연구에서 밝힌 바 있다.

어떤 지역이 과밀이냐 아니냐의 문제는 분석대상지역의 범위를 어떻게 정하느냐에 따라 크게 달라진다. 지금 수도권이 과밀하다고 하는 것은 서울, 인천, 경기지역을 합쳐 수도권이라 보고 그 세 지역의 인구가 나라 전체의 46.1%에 해당하니 지나치게 많다고 보는 것이다. 수도권의 현 권역은 국토계획수립을 위하여 편의상 설정한 역사적인 유물이다. 권역설정은 무엇을 위한 것인가의 목적에 따라 다르게 나타날 수 있고 그 어떤 하나의 권역설정이 모든 경우에 다 타당한 것이라 보기는 어렵다. 국토공간상 인구 분포가 주요정책문제라면 지방자치단체의 구역별로 보는 것이 타당할 수도 있다. 서울특별시와 경기도 그리고 인천시는 별개의 지방자치단체인데 왜 그것만을 묶어서 보아야 하는 건인지 타당한 이유가 없다. 과거 정부에서 수도권 인구분산계획을 할 때는 서울과 근접한 경기도 일부지역을 수도권으로 좁게 설정한 때가 있었다. 그 권역을 기준으로 볼 땐 수도권의 인구비중은 훨씬 줄어들어 과밀이라고 보기 어려울 것이다, 더 좁게 서울시만을 수도권으로 보면 아무런 문제가 없다. 서울시 인구는 최근 계속 감소하고 있기도 하지만 그 비중도 1990년 전국인구의 24.4% 1995년 22.4%, 그리고 2000년에는 21.4%로 계속 감소하고 있기 때문이다.

반대로 수도권의 범위를 강원도 서부지역, 충청남북도의 북부지역까지로 확대하여 설정한다면 수도권은 초과밀상태라고 보아야 하지 않겠는가. 요즘같이 교통, 통신이 발달된 시대에 있어서 우리 나라와 같이 국토는 협소하지만 초고속 교통망의 발달로 고도의 국토공간 통합이 이루어진 나라에서는 조만간 일부 원격지를 제외하고는 전국을 수도권이라 해도 지나친 말은 아닐 것이다. 특히 고속전철이 개통된 이후 서울 – 대구 간, 서울 – 대전 간은 이미 수도권화 된 것으로 보아도 된다.

수도권의 과밀을 보는 시각에는 두 가지 관점이 있다. 하나는 수도권 내부 주민이 보는 시각이다. 수도권의 주민들이 인구와 산업의 집중으로 인한 교통 혼잡, 각종 범죄, 높은 토지 및 주택가격, 환경오염 등 여러 가지 문제를 고통스러운 현상으로 보아 과밀 해소를 원하는 것이다. 그러한 현상은 서울시의 인구감소로 나타나기도 한다. 그러나 행정수도 이전과 관련한 여론조사에서 수도권 주민의 대부분은 이전을 반대하고 있다. 그것은 그들이 아직도 수도권의 과밀을 감내할 수 없을 정도의 심각한 문제로 여기지 않는 것이라고 볼 수 있다.

다른 하나의 시각은 수도권 이외의 지역이 보는 시각이다. 그 지역들의 상당수는 수도권이 과밀하니 분산해야 하고 특히 과밀 해소를 위하여 수도를 이전해야 한다고 주장한다. 그러한 시각의 근저에는 한때 남미 국가를 중심으로 유행하였던 종속이론의 망령이 도사리고 있다. 영국의 학자 헥터(Michael Hechter)는 이것을 지역종속주의 이론이라 부른다. 한 지역의 빈곤은 부유한 지역 때문이라는 것이 지역종속이론의 요지이다. 수도권의 부가 여타지역의 빈곤의 원인이라고 보는 것은 경험적으로나 이론적으로 타당성이 없다. 그동안 수도권의 인구와 산업이 집중되었음에도 우리 나라 지역격차는 개선되었음이 앞의 분석에서 입증되었다. 수도권의 과밀과 타 지역의 발전이 상반되는 것이 아니고 계층적 공간구조를 통하여 상호 연계되어 있다. 서울과 수도권을 죽이면 다른 지역이 잘 사는 것이 아니고 다 같이 죽는 것이다.

5. 균형화 추세의 지역 간 인구와 산업의 분포

　앞에서 본 인구와 산업의 공간분포에 관한 이론적 검토에 이어 실제로 우리 나라 지역 간 인구와 제조업, 서비스업 및 기타부문 고용자의 지역 간 분포가 장기적으로 어떻게 변화하는지를 분석하였다. 데이비스란 사회학자는 종주 도시화를 보기 위한 지표로서 수위도시(primate city)와 그 다음으로 큰 지역 중심도시들의 인구를 비교하였다. 이러한 맥락에서 서울시의 인구와 우리 나라 지역 중심도시인 부산, 대구, 인천, 대전, 광주, 청주, 전주, 제주 등 도시의 인구를 비교하여 보면 서울의 인구규모에 비하여 이들 도시들의 인구가 상대적으로 커지고 있다. 부산의 인구는 1990년 서울인구의 35.7%였으나 1995년에 37.2%로 그리고 2000년에는 37.7%로 그 비중이 커졌다. 대구 역시 21%에서 23.9% 그리고 25%로 커졌으며, 광주시는 10.7%, 12.3% 그리고 13.6%로 커졌다. 이러한 상대적 팽창은 청주시, 전주시, 제주시의 경우도 마찬가지이다.

<표 3> 지역중심도시의 인구비중(중심도시인구/서울인구)

(단위:%)

	1990	1995	2000
부산	35.7	37.2	37.0
대구	21.0	23.9	25.0
광주	10.7	12.3	13.6
대전	9.8	12.4	13.8
청주	-	5.2	5.9
전주	-	5.5	6.2
제주	-	2.5	2.8

이러한 현상은 도시 계층구조가 시간이 흐름에 따라 순위 - 규모 분포 패턴으로 향하고 있음을 시사한다. 즉 도시 인구분포가 대도시 편중 분포에서 벗어나고 있다는 증거이다.

다음으로 보는 것은 시도별 인구밀도와 제조업, 그리고 서비스 및 기타 고용자의 밀도를 토대로 지역 간 소득격차를 계산한 동일한 방법으로 변동계수(격차지수)를 계산하여 1980년 이후 2000년까지 지역 간 인구 및 고용자밀도 격차가 더 벌어졌는지 아니면 좁혀졌는지를 분석해 보는 것이다. 밀도는 지역별 km²의 인구와 고용자수로 보았다. 그러한 분석결과는 다음 표와 같다.

〈표 4〉 지역간 인구 및 고용자밀도 격차

	1980	1990	1995	2000
인구밀도(변동계수)	2.05	1.67	1.87	1.82
제조업고용자밀도 (변동계수)	2.11	1.67	1.88	1.76
서비스 및 기타고용자 밀도 (변동계수)	2.25	1.85	2.02	2.00

표에서 보듯이 인구밀도의 격차지수는 1980년의 2.05에서 2000년의 1.82로 그 격차가 좁아졌으며 제조업 고용자 밀도도 1980년 2.11에서 2000년 1.76으로 크게 좁아졌다. 서비스 및 기타 고용자 밀도 역시 1980년 2.25에서 2000년 2.0으로 좁아졌다. 인구와 지역의 고용과 소득에 중요한 제조업과 서비스업의 지역 간 분포는 점차 균형화의 추세에 있다는 것을 알 수 있다. 사실 이러한 분석은 자칫 위험한 오해를 유발할

수 도 있지만 마치 국토의 균형발전은 모든 지역의 인구와 고용이 균일하게 분포된 상태를 의미하는 것 같은 오해가 횡행하고 있으니 여기에 시도해 본 것이다.

유념해야 할 것은 앞의 이론적 분석에서 밝혔듯이 인구와 고용의 공간적 분포는 그 나라의 부존자원의 분포상태, 교통통신망의 분포, 산업구조, 도시계층구조에 따라 다르게 나타나지만 대체적으로 집중된 분포 패턴을 보인다는 것이다. 그러한 큰 틀 속에서 부분적인 수정을 가하는 것이 지역정책인 것이다.

6. 수도이전은 타당성이 없다

지금까지의 이론적 검토와 경험적 분석으로 수도이전은 그 타당성이 없음이 명백히 드러났다. 지역 간 소득격차를 줄이는 것을 국토의 균형발전으로 보든, 또는 수도권 과밀해소를 국토의 균형발전으로 보든 수도이전과 같은 극단적인 조치를 취하지 않고 지금까지 추진해 온 국토 및 지역정책수단과 다른 여러 가지 정책수단만으로도 충분하다는 것이 명백해졌다.

그러나 사실은 그렇지 않지만 순전히 논의를 위하여 우리 나라의 지역 간 발전의 불균형이 심각하며 수도권의 과밀해소가 시급한 과제라고 가정할 때 행정수도의 이전이 그러한 문제의 치유책으로 가장 효과가 있는 것인가를 검토해 볼 필요가 있다. 정부발표처럼 신 행정수도를 인구 50만의 도시로 만든다고 하면 2000여만 이상이 거주하는 수도권의 과밀 인구가 얼마나 해소될 것인가 납득이 되지 않는다. 수도이전을 추진하는 정부의 생각으로는 수도권의 과밀의 주범은 통치행정기능의 집중이고 그것이 있으므로 오늘날의 과밀이 발생하였으니 그 통치행정기능만 빼면 과밀이 해소된다고 보는 것 같다.

여기에는 두 가지 문제가 있다. 하나는 통치행정기능이 모든 집중의 주된 원인이라면 많은 권한을 지방자치단체에 이양하여 분산함으로서 달성할 수 있을 것임에도 그것을 하지 않고 그대로 다른 곳으로 옮기면 또 다른 과밀을 만들 것이 명백하다. 그것은 수도권의 과밀을 그대로 다른 지역으로 옮기는 것에 불과하니 문제를 해결하는 것이 아니다.

만일 이러한 사태가 발생한다면 많은 사람들이 우려하는 대로 서울과 수도권의 붕괴 내지는 쇠락을 가져올 것이고 이것은 곧 우리 나라 경제성장의 원동력을 파괴하는 결과를 초래할 것이다.

반대로 수도이전이 서울의 국제경쟁력을 크게 훼손할 것이라는 반대론자들의 주장에 대한 정부 측의 주장과 같이 행정수도를 이전하여도 수도권의 국제경쟁력과 경제성장 원동력으로서의 기능에 아무런 손상을 주지 않는 것이라면 인구 50만 명 정도가 수도권에서 주로 이전하는데 그칠 것이니 수도이전을 주장하는 명분의 하나인 수도권 과밀해소에는 아무런 기여를 하지 못할 것이다. 그것은 브라질이 수도를 브라질리아로 이전하였다고 구 수도인 리오데자네이로의 과밀이 해소되지 않는 것과 비슷한 상황일 것이다. 그렇다면 수도권의 과밀을 여전히 놓아둔 채 그 많은 비용과 고통을 수반하는 수도이전은 아무런 효과가 없는 낭비에 불과할 것이다. 지역의 균형발전은 선진지역에 대한 억제보다는 후진지역, 낙후지역에 대한 지원이 보다 효과적이다. 국민경제가 호황일 때는 양자를 병행하여도 무방하지만 국가경제상태가 불황국면에 있을 때는 낙후지역에 대한 지원, 그것도 무리 없는 선택적 지원에 그치는 것이 현명한 것이다.

　앞의 경험적 분석에서 드러난 지역소득수준도 낮고 그 성장도 지지
부진한 많은 낙후지역에 대한 지원은 낙후지역의 고용 면에서 별 효과가
없는 수도권의 기존 일자리인 정부공무원을 옮겨오는 것보다는 제조업
부문이나 첨단 서비스산업분야의 새로운 일자리를 만들어 주는 것이다.
그들에게 더욱 급한 것은 그들의 자녀들이 취업할 수 있는 일자리이지
이미 취업한 사람들이 옮겨오는 것이 아니다.

7. 영국의 교훈 : 경제 살리기를 위한 균형화 정책 축소

　지역정책의 교과서와 같은 영국의 경험을 간략히 소개함으로써 우리
나라의 문제를 지혜롭게 해결하는데 참고로 삼고자 한다. 영국은 1930
년대 지역정책을 시작한 이래 여러 가지 정책을 실험하였다. 특히 2차 세
계대전 후부터 한동안 런던과 동남부지역의 인구와 산업을 분산시키기
위한 여러 가지 시책들을 추진하였다. 런던주위에 Green Belt를 치고
그 외곽지역에 많은 자족적 뉴타운을 건설하여 런던으로부터 인구와 산
업의 분산을 시도하였다. 뿐만 아니라 런던지역에 새로운 산업이나 오피
스의 입지를 억제하기 위하여 공장설립 허가제(certificate of industrial
development)와 사무실 개설 허가제(office development permit)등 규
제 시책을 펴기도 하였다. 다른 한편으로는 낙후지역을 특별 개발지역
(special development area)과 개발지역(development area)으로 지정
하여 교부금, 보조금, 세제, 금융상 혜택을 주는 등 다양한 지원시책을 폈
다. 특히 그들은 그들의 표현대로 1960~1970년대 초까지 미친 듯이 여

러 가지 지역정책을 강력히 추진하였다. 그러나 1970년대에 들어와서 국가경제가 어려워짐에(흔히 영국병이라 부름) 따라 지원 대상지역과 시책을 대폭 축소조정하였다. 그리고 런던지역에 대한 많은 규제를 철폐하였다. 오히려 런던지역 등 대도시의 침체를 해소하기 위하여 자유기업지구의 지정, 75%의 중앙정부자금을 지원해 주는 협력지원(Partnership Aid), 런던, 리버풀지역의 도시 항만지구 개발사업 등 여러 가지 시책을 폈다. 이러한 지역정책의 축소조정과 도심활성화시책은 특히 대처정부에 들어와서 강력히 추진되었고, 그 결과로 영국경제는 다시 활력을 되찾게 되었다.

영국의 저명한 도시 및 지역연구자인 피터 홀(Peter Hall) 교수는 1976년 AIT에서 행한 한 강연에서 '영국병'은 영국경제의 심장부인 런던과 동남부 지역에 대하여 영국정부가 그동안 추진해 온 지나친 억제정책과 분산정책이 한 원인이었다고 지적한 적이 있다. 거의 모든 지역정책 수단을 다 사용해 본 영국이지만 지역의 균형발전이나 런던지역의 과밀해소를 위하여 수도이전과 같은 극단적인 방법은 한번도 고려해 본 적이 없었다. 다만 런던지역의 분산책의 하나로 정부기관의 지방 분산을 1970년대 초에 연구해 본 적은 있으나 실행하지는 아니하였다. 그 연구의 결과가 1973년에 발표된 이른바 하드만 보고서(The Hardman Report)이다. 그때 영국정부는 헨리 하드만 경(Sir Henry Hardman)을 위원장으로 하는 위원회에 정부기관의 지방 분산에 관한 타당성연구를 위촉하였고, 그 결과가 하드만 보고서이다. 그 보고서는 정부기관의 이전으로 얻을 수 있는 국가 경제적 이점과 그에 따른 비용 특히 정부부처 간의 업무연락에 소요되는 커뮤니케이션 비용 등을 상세히 분석한 끝에 약 3만여 명의 정부공무원을 지방으로 이전하도록 권고하였다. 그러나 영국정부는 앞서 지적한 대로 70년대에 시작된 경제적 어려움으로 그 권고를 채택하지 아니하였다. 행정수도의 이전과 함께 정부기관들의 지방분산을 함께 추진하고 있는 우리 정부는 이점을 충분히 검토하고 심사숙고하여 결정해야 한다. 심장수술과도 같은 위험천만한 수도이전문제를 앞에 두고 우리는 보다 합리적이고, 양심적이고, 그리고 무엇보다 지혜로워야 한다.

8. 맺음말

위에서 우리는 신행정수도이전의 이유로 내세운 국토 및 지역의 균형발전과 수도권 과밀해소를 중심으로 그의 이론적, 경험적 타당성을 분석하였다. 그러한 분석을 통하여 명백히 드러난 것은 어떠한 이유로도 행정수도이전은 정당화되기 어렵다는 것이다. 지역균형발전을 지역 간 소득격차의 축소로 볼 때 그동안 추진해 온 지역정책은 꾸준히 우리 나라 지역 간 소득격차를 좁혀왔으니 수도이전과 같은 극단적 조치가 필요치 않다.

수도권의 과밀이란 상식적인 판단에 근거한 오해일 뿐 모든 나라, 모든 지역이 거의 예외 없이 인구와 산업이 일부지역에 편중된 분포를 보이고 있으며 수도권의 과밀해소를 한답시고 수도권을 죽인다 해서 다른 지역이 그 결과로 잘살게 되는 것도 아니다. 그리고 무엇보다도 인구의 과밀자체는 경제적 복지의 주요지표인 지역고용이나 소득과는 직접적인 관련이 없다. 인구가 적은 북 구라파의 국가의 국민소득은 높지만 인구가 과밀한 인도의 국민소득은 낮은 것과 마찬가지로 1인당 지역총생산은 인구규모가 적은 충청지역이 인구과밀지역인 서울보다 높다.

중요한 것은 지역주민의 복지수준을 결정하는 고용과 소득이지 사람

머릿수가 많고 적은 것 자체가 문제인 것은 아니다. 지역과 지역이 모여 줄다리기 시합을 하는 것이 아닌 바에야 중요한 것은 인구의 과밀과소 보다는 고용기회와 소득수준과 같은 주민복지수준인 것이다. 그러므로 '수도권 과밀해소를 위하여' 라는 행정수도이전은 그 명분을 상실하는 것 이다.

<부표 1> 1인당 지역 내 총생산(1995년 불변가격)

(단위:1000원)

	1995	2000	2002
서울	8,268	9,808	10,635
부산	6,327	7,380	8,331
대구	5,683	5,975	6,531
인천	7,802	8,442	8,690
광주	6,774	7,401	7,731
대전	6,238	7,268	7,899
울산	-	22,565	23,856
경기	7,982	11,722	12,849
강원	6,662	7,590	7,723
충북	8,479	12,098	12,350
충남	8,361	11,443	12,110
전북	6,820	7,815	7,909
전남	9,147	11,288	11,786
경북	8,969	12,496	13,973
경남	11,378	10,596	11,299
제주	7,409	8,614	9,203

7_ 천도는 나라의 모든 정책을 망치는 독약

한영환_ 중앙대학교 행정학과 명예교수

1. 수도이전 정책의 제기와 국정체계에의 함축

2002년 말 대통령 선거 막바지에, 당시 민주당 노무현 대통령후보는 영호남 간의 팽팽한 대립 사이에서 승패의 관건을 쥐고 있는 충청권의 표심을 얻기 위한 선거전략의 일환으로 '행정수도의 충청 이전' 공약을 제기하였다.

이 공약이 갖는 정치적, 경제적, 사회적 중요성이 실로 엄청난 것인데도, 일반 국민이나 야당은 이것을 흔히 있어 온 실현성 없는 선거공약 정도로 치부하고 그렇게 큰 관심을 쏟지 않았다.

특히 당시 국회를 지배하고 있던 한나라당도 기껏 '행정수도 이전이 서울의 집값을 떨어뜨린다' 고 반대하는 정도로 대단히 안이하고 기회주의적인 자세를 취했다. 그 결과 이 정책의 수혜자인 충청권은 물론 집없는 서울의 서민층마저 어느 정도 지지하게 만듦으로서, 노무현 대통령 후보에게는 '재미를 좀 본' 선거전략이 되었다.

충청도민에게 정치적 부채를 지게 된 노무현 대통령은, 당선 후 신행정수도 건설사업을 국가균형발전과 지방분권이라는 국정(개혁)의 중요 과제에 끼워 포장해서 국정의 최우선 과제의 하나로 다듬어 냈다.

정권이 공식 출범하자 수도이전사업을 선거공약으로 제시해서 승리했으니, 이것으로 국민적 동의를 얻었다고 주장하면서, 바로 추진절차를 밟기 시작해서, 2003년 말까지 추진 법제를 완비하고, 2004년 4월에는 총리급의 민관합동 추진위원회를 발족시키면서 본격적인 추진과정으로 진입했다.

한 민족의 600년 도읍지를 옮기는 일이, 아직도 국가 발전의 모든 과정에 정부의 촉진과 유도 기능이 불가피한 상황에서 이렇게 소홀한 절차를 밟아 결정되었다. 그것도 남북대치는 물론 동북아의 정치, 경제 상황이 한치도 앞을 내다보기 어렵고, 국민경제의 성장 동력이 끝없이 추락하고 있는 이 위기상황에서, 신행정수도 건설사업이 국정의 최우선 과제로 등장하고 또 추진되고 있다. 이렇게 되면 천도사업 그 자체는 물론 나라의 다른 중요 정책까지도 허물어뜨릴 수 있는 중대한 위험을 안게 될 수밖에 없다.

첫째, 국정목표(과제)의 우선순위가 이런 식으로 얼렁뚱땅 설정되어서는 안 된다. 과제의 제기가 지극히 정략적이고, 여야 간 또 지역 간에 국민적 합의를 얻기 위해 이렇다 할 노력도 없이, 국정의 최우선 과제의 대열에 은근슬쩍 끼워 넣었다. 이래서는 이 정책 사업의 정치적 · 사회적 정당성을 갖출 수도 없고, 여야가 바뀌면서 맡게 될 앞으로의 정부들이 이 사업을 계속 추진한다는 보장도 없다.

둘째, 국정 목표가 이렇게 잘못 설정되면 국정관리의 전체계에 중대한 혼란과 실패가 불가피하다. 신행정수도 건설사업이 추구하려는 바, 국가 균형발전 정책의 선도사업으로써의 효과가 실제로 나타날 수 있는 것인지, 동북아 경제중심전략이나 통일촉진 정책 등 나라의 다른 중요 정책 과제들과는 어떤 모순이나 충돌 관계에 있는지, 이 정책을 추진하는 과정에서 봉착하게 될 관련 이해 지역 간의 갈등이 얼마나 심각할 것인지 등에 대해 초당적이고도 전문적 시각에서 검토함이 없이 이 정책을 추진하게 되면, 신행정수도 건설사업 자체의 실패는 물론, 이 정부가 공식으로 추구하겠다고 선언한 12대 국정과제 전부를 혼란 · 부실화시킬 염려가 있다. 이는 결국 이 정권 자체의 정치적 기반을 훼손하고, 정권의 붕괴를 몰고올지 모를 독약이 될 수 있다. 그러한 사태는 또 한국의 21세기로의 진입을 좌초시키는 위험에 직결된다.

이 글은 바로 이러한 문제를 좀 더 깊이 설명하기 위해 다음과 같은 순서로 논의를 진행시키고자 한다.

첫째, 오늘의 우리 나라가 다루어야 할 시대적·상황적 소명으로서, 국정 최우선 순위가 어떤 목표과제에 두어져야 하는가를 제시하고, 노무현 정부의 국정과제 인식 및 우선순위 설정의 문제점을 살펴본 뒤에,

둘째, 오늘의 우리 나라의 시대적 상황이 요구하는 국정목표 구조에 비추어 볼 때, 신 행정수도 건설사업이 왜, 얼마나 부당한지, 그리고 그대로 추진될 때 당면할 정책 실패의 위험을 분석하면서,

셋째, 이러한 위험과 실패를 피할 수 있는 대안을 제시해 보고자 한다.

2. 세계화시대의 우리 나라 최우선 국정목표와 노무현 정부의 잘못된 대응

국정목표(agenda of the state) 또는 국정의 우선과제란 한 정권이 나라 안팎에서 제기된 도전과 과제 가운데에서 국가의 생존과 번영을 위해 가장 중요하다고 생각되는 과제를 국민적 합의 속에서 선정하여, 그 해결을 위하여 정권이 동원할 수 있는 인적·물적 자원을 집중 투입하고자 시도하는 정책목표라고 할 수 있다.

오늘 우리 앞에는 통일의 촉진, 권력의 도덕성 회복과 민주화, 국제경쟁력 향상을 통한 성장체질의 고도화, 배분과 복지의 조화로운 촉진 등이 주요 국정 과제로서 경합적으로 제기되어 있다.

이론적으로는 이 모든 과제들을 한꺼번에 다 추구했으면 좋지만, 현

실적으로는 어떤 국가 체제도 모든 과제를 함께 추구할 수 있을 만큼 무제한의 인적 능력과 물적 자원을 가진 경우는 없다. 따라서 제한된 자원 사용의 효율성을 위해서는 과제 간에 시간적 선후를 정하고, 특정 시점에서는 과제 간에 우선 순위를 달리해서 그때의 최우선과제에 집중투자하는 것이 불가피하다.

따라서 어떤 정부든 그 정책을 효과적으로 추진하려면 국정목표의 우선순위를 선명하게 정하고, 사람의 선택과 물자의 투입을 비롯한 국정관리체계를 그에 알맞게 짜고 운영해야 한다.

그렇다면 21세기 입구에 선 오늘의 한국이 추구해야 할 국정의 최우선 목표는, 위에서 든 경합적 목표과제 가운데에서 어느 것에 두어져야 할 것인가?

그것은 두말할 것 없이 '세계화에의 대응을 위한 국제경쟁력 향상'에 두어져야 한다. 왜 그래야 되는가를 보자.

1) 세계화 충격이 본격화 된 1990년대로부터 2000년대 초까지의 한국 현대사를 흔히 '잃어버린 10년'이라고 부르는데, 이것은 이 시기를 관리한 YS정부와 DJ정부 때 세계화에의 대응 노력의 부진 또는 목표과제 이탈 때문에 빚어진 정책실패가 그 가장 큰 원인이었다.

YS정부는 세계화의 도전이 날로 심각해지고 있음에도 불구하고, 이 과제를 밀쳐 놓고, 사정개혁을 통한 '역사 바로 세우기' 같은 과거지향의 국정목표에 몰두하였다. 이것이 세계화가 요구하는 새 국정 운영 패러다임의 도입과 확산을 지체시켰고, 이러한 국정목표 인식의 오류와 혼미 때문에 목표 달성을 위한 전략 선택의 적합성 기준을 혼란시켰다. 이는 나아가서 전략 실천의 기수가 되어야 할 정책 참모진의 구성을 어렵게 했고. 결국 IMF위기라는 국난 속에서 정권의 종말을 맞게 되었음을 우리가 잘 보아왔다.

DJ정부도 IMF위기 속에서 출범했기 때문에, 첫 일년 남짓 동안은 그런대로 세계화의 충격에 대응하는 개방적 개혁과 범체제적 구조조정과업을 수행했고, 이를 통해 외환위기 극복이라는 단기적 성취도 이룩했다. 그러나 IMF위기의 본질적인 원인이었던 경제체질의 고비용 · 허약성이란 뿌리의 병증을 고치지 못한 채, 남북통일의 추구라는 과제로 국정 최우선 목표를 이행하고 말았다.

국정목표로서의 우선순위에서 빠진 경제 성장의 문제는, 단기적, 임기응변적 대응 방식이 주가 되어, 카드 무제한 발급과 같은 근시안적이고도 사려 깊지 못한 소비진작 정책으로 경기를 일으키는데 급급했다. 그래서 스스로의 정권 임기는 마쳤지만, 엄청난 신용불량자를 양산하면서, 국내소비의 급감, 내수형 중소기업의 붕괴, 청년실업의 폭증, 그리고 이것들이 전투적 노조의 고임금 요구와 겹쳐, 산업 공동화와 성장 둔화라는 만성적 중병 경제로 전락시켰고, 그 결과 국민소득 2만 달러 달성은 멀어져 가고 만 것이다.

지난 10년 동안 겪은 이러한 국정실패의 교훈은, 세계화에 대응하는 국제 경쟁력의 향상을 통한 경제의 성장과 일자리의 창출이라는 국정과제는 회피하거나 대체될 수 없는 국정의 최우선 목표가 되어야 한다는 것을 명백히 알려 주는 것이다.

2) 21세기에 진입해서 다시 몇 해가 더 지난 이 시점의 우리 나라는 세계화의 충격이 강요하고 있는 시련이 YS정부나 DJ정부때보다 더욱 거세지고 또 심화되어 있다.

1997년 말, 우리가 IMF 위기를 맞았을 때만 해도, 한·미 간의 우호 관계는 강력하게 작동하고 있었고, 우리 옆의 중국 경제는 우리 나라를 위협할 만큼 무섭게 일어나지는 않았었고, 일본 경제도 침체의 늪에 빠져 있을 때였다.

그러나 오늘 이 시점에서는 한·미 간의 전통적인 경제·군사·외교 상의 유대도 현저히 약화된 가운데, 실용주의적 경제발전 전략을 국정 최우선 목표로 추구하고 있는 중국 경제는 세계의 공장이자 R/D 센터 전략을 추진하면서, 370개의 세계1위 상품과 함께 이미 8500억 달러라는 세계 4위의 교역규모를 달성, 2010년까지는 세계 4대 강국으로 부상하려는 꿈을 이룩해 가고 있다.

IMD가 평가한 2004년의 우리 나라 국제경쟁력이 대만(4위), 말레이시아(5위), 일본(9위), 중국(10위), 태국(11위). 인도(14위)보다 낮은 35위에 머물러 있는 한국 경제는 이대로 가면 중국 변방의 조그만 한 약소국으로 전락할 위험에 직면해 있다.

민주화와 배분의 형평을 최우선의 국정목표로 해서, 작지만 민주적이고 고루 나누는 나라를 만들면 되지 않겠는가 하고 생각하는 사람도 있지만, 강대국에 둘러싸인 한반도의 지정학적 숙명으로 보면, 강대국들의 다툼으로부터 나라를 보존하는 일이 우리끼리 고루 나누면서 사는 사회를 만들어가는 일보다 우선해야 되는 것임은 두말할 필요도 없다.

강대국의 위협과 영향으로부터 우리 민족의 생존과 번영을 지키는 일은 우리 스스로의 경제력과 기술력으로 그들과 경쟁할 수 있는 힘을 기르지 않으면 안된다. 안으로부터 요구되는 국내질서 지향형 과제(민주화, 복지, 통일 등)는 밖으로부터 강요된 국제적 생존 지향형 과제(국제경쟁력 향상)를 해결한 다음에 해도 늦지 않다. 따라서 국제경쟁력 향상이란 과제는 오늘날 세계의 진운에 가장 알맞는 국정의 최우선 목표라고 할 수 있다.

3) 복수의 국정 목표 간에 우선 순위를 설정하는 일은, 가치 소비자의 시각에서 본 절대적인 선호의 높고 낮음이나 우열의 등급을 매기려는 것이 아니다. 그보다는 한 체제가 그 가치를 생산할 수 있는 제도적 능력이 있어야 비로소 그 가치를 지속적으로 생산해서 국민에게 배분할 수 있다는 점을 주목하려는 것이다. 가치 소비자(대중)의 선호(주로 고급가치인 민주화, 분배·형평 지향)보다는 가치 산출자(정부, 기업, 대학 등)의 능력 증진(주로 기초 가치인 국가형성, 안보, 성장 등)을 먼저 이룩하는 것이, 결국 장기 간에 걸쳐 국민에게 돌아갈 가치 분배의 실질적 총량이 최대화될 수 있다고 믿고, 이를 실천하기 위해 시기상의 선후배열을 하려는 전략으로 이해하여야 한다.

우리는 국정목표 설정과정에서, '대중 영합주의(populism)'를 경계한다. 무능하고 식견이 짧은 정권일수록 소비자로서의 대중이 좋아하여 '민주적'이라는 명분 하나만으로, 체제의 가치 산출 능력을 완전히 무시한 채, 그 가치 배분을 즉각적으로 구현하겠다는 '달콤한 정치적 환상'을 불러일으키는 선거 전략의 유혹을 받기 쉽다. 그러나 이러한 대중영합적 정책은 결국 국정의 실패와 국가의 황폐화라는 무서운 위험을 몰고 오게 된다는 것을 아르헨티나의 페론 정권의 사례에서 우리는 잘 보았다.

결국 오늘의 세계화, 자유화의 조류가 몰고 온 이 냉혹하고도 격렬한 국제경쟁 속에서 국민과 기업과 정부가 살아 남자면 국제 경쟁력을 키워야 한다. 그러한 국제 경쟁력은 교육의 질적 수준을 획기적으로 제고하여 인적 능력이 세계적 수준에 이르게 하여야 하며, 그러한 인적능력에 바탕해서 모든 기업이 스스로의 기술혁신과 생산성 향상 노력으로 성장동력과 국제적인 제품경쟁력을 창출할 수 있어야 한다. 결국 나라 안의 기업환경이 세계 어느 나라, 어느 지역보다 유리한 조건을 제공할 수 있도록 물리적, 사회적, 정치적, 행정적 환경을 구비할 수 있어야 한다.

그래야만 국민의 일터를 지키고 늘려줄 수 있고, 근로자의 복지 향상이 인플레에 전가되지 않을 수 있다. 또한 기업들이 권력의 간섭과 착취로부터 자율을 지킬 수 있는 힘을 갖추게 되어, 정경유착이나 권력의 부패를 막을 수 있는 민주화의 근원적 토양을 구축할 수 있다.

따라서 좁게는 우리 경제의 안정과 성장의 토대이며, 넓게는 진정한 복지의 향상과 민주화의 내실을 기하는 정치 · 사회적 성숙, 그리고 통일비용의 부담능력이나 자주적 군사 · 외교의 능력 기반이 모두 국제 경쟁력의 향상이 이루어져야만 비로소 성취될 수 있는 것들이다.

노무현정부도 출범하면서 국민소득 2만 불 시대로의 도약을 최우선의 국정 비전으로 설정하고, 그 목표달성을 위해, ① 기술혁신 능력의 제고, ② 시장개혁과 공공부문 효율 증진을 위한 구조개혁, ③ 노동시장 유연성 제고를 위한 노사관계 개혁, ④ 동북아 경제 중심국가를 향한 금융 · 물류 인프라 건설, ⑤ 대대적인 지역혁신 체제 건설을 통한 국가 균형발전 체제의 구축 등을 천명하였다.

이와 같이 공식적으로 천명한 노무현정부의 국정목표 우선순위나 그 실천을 위한 로드맵은 기본적으로 우리 경제의 국제 경쟁력 향상에 맞춰져 있다. 그러나, 정권 출범 후 1년이 넘은 지금까지 나타난 정권운영의 실제는 이 기본방향으로부터 상당히 이탈하고 있는 것처럼 보여지고, 따라서 그 실적에 대한 국내외의 평가도 회의와 실망으로 물들기 시작하였다.

국정운영의 실질적 지향이 공식적으로 천명한 국정목표 우선순위로부터 크게 일탈되어 있는 모습과 이유에 대해서 좀 더 구체적으로 살펴보기로 하자.

국정의 최우선 목표를 추구하겠다는 열기가 국정관리의 전 국면을 관통하는 효과적 방향타가 되게 하기 위해서는 특정한 조건이 충족되어야 한다. 무엇보다 중요한 것은 정부 운영의 인사권과 상벌권을 한손에 쥐고 있는 대통령이 집요하게 그 목표에 몰입(commitment)하면서, 지속적이고 일관되게 진두지휘에 나설 수 있는 자세와 능력이 있어야 한다.

바꾸어 말하면 최우선의 국정 목표가 대통령의 진정한 꿈으로 구체화되어 있어야 하는 것이 시동의 조건이다.

이승만의 '건국의 꿈', 박정희의 '근대화의 꿈', 김대중의 '통일의 꿈'이 그렇고, 세종대왕의 '부민(富民)의 꿈', 덩샤오핑의 '경제부국에의 꿈'이 다 그러하다.

그런데 노무현 대통령의 경우 취임한 지 일 년이 넘었지만, 국정목표에의 꿈으로서 영글어진 것을 내놓지 못하고 있다. 기껏해야 2004년 초 '지방화시대 선포식'에서 "민주화, 남북 평화 등은 전직 대통령이 다 해버려, 그 정도로는 역사책에 빛이 안날 것 같아 '지방화' 만큼은 내가 간판을 붙이겠다."고 선언한 것으로 보아, '지방화'에의 꿈은 상당히 강하게 가진 듯하지만, 지방화는 국정 전반을 이끌어가는 가치 목표로서 보다는 민주적 국정관리 방식의 한 수단일 뿐이다.

대통령의 국정목표에 대한 가치 지향이 국민소득 2만 불 달성을 위한 국가경쟁력 향상보다 형평, 공정, 분배, 정의와 같은 내정질서 개혁 지향적으로 기울어져 있기 때문에, 정부의 정책 결정을 좌우하는 측근 참모진도 교육과 과학기술의 혁신을 주도할 세계화의 전문가들이기 보다는 '코드인사' 로 대표되는 정치 투사 중심으로 짜이게 된다. 또 이러한 대통령의 인식은 청와대의 수석 비서관 및 보좌관 회의의 좌석 배치도에 나타난 것처럼 그들간의 역할 비중에도 그대로 나타나게 된다. 내정(內政)질서와 정치 담당자들인 시민사회수석이나 사회정책수석은 수석들 중에서는 제일 앞자리인 ⑥, ⑧번째인데 비해, 국제 경쟁력 향상 대책의 중심이 되어야 할 경제보좌관은 ⑫번째이고, 정보과학기술보좌관은 제일 말석인 ⑭번째에 배치되어 있다고 알려지고 있다.

노무현 정부의 국정운영상의 실질적 기조가 이렇게 설정되었기 때문에, 경제 정책의 중점도 성장보다 분배에 더 우선순위가 두어지게 되고, 이것은 나아가서 서민의 '상대적 박탈감' 을 자극하면서 반기업적 분위기를 고양시키고, 국제경쟁에 대한 열정을 급속히 식혀가게 하는 것이다.

그 결과 우리의 국제경쟁력은 상대적으로 더욱 낮아져서, 노사관계, 교육의 질 그리고 정부의 정책 일관성 면에서는 세계 꼴찌로 전락하면서, 그동안 우리를 뒤따라오고 있던 대만, 말레이시아, 중국, 태국은 물론 인도에게까지 추월당하고 만 것이다.

공식으로 천명된 국정목표로서의 '소득 2만 불 달성' 과 대통령의 실질적 국정목표 인식 간의 괴리로 인한 국정기조의 이러한 혼선은, 정권 운영 핵심집단의 재야 투사적 정책지향과 맞물리면서, 노무현 정부의 정책관리 전국면을 국제경쟁력 향상과는 더욱 거리가 멀어지게 만들고 있다.

산업화 과정의 그늘진 면을 고치는 일에 일생을 바쳐온 '재야 투사형' 정권 핵심집단이 갖고 있는 정책지향의 대표적 특징들은, 반자본 · 반세계화의 '교조적 이념주의', 반기성 · 배분지향의 '대중 영합주의', 미래의 건설보다 과거의 죄를 묻는데 열중하는 '도덕지상주의적 과거 청

산', 그리고 개방적 효율보다 감상적 유대를 중시하는 '폐쇄적 민족주의'
등으로 정리될 수 있을 것 같은데, 그 어느 것도 소득 2만 불 달성을 위한
국제경쟁력 향상과는 무관하거나 상극관계에 있다.

3. 신행정수도 건설사업과 국정 우선 순위 설정의 혼란

신수도 건설사업이란 국정과제가 도출된 계기, 사업 내용의 논리적
구성, 그리고 이 사업이 국정 우선 과제로 채택되고 추진되는 방식의 설
정 등은 모두 앞에서 본, 이 정권 핵심 집단의 잘못된 정책지향들이 바탕
이 되어 형성된 것이다. 따라서 천도 정책은 오늘의 시대적 소명 과제에
맞지 않는 것은 물론 그대로 추진된다면 다른 정책목표와 충돌을 일으켜,
노무현 정부로서도 미처 예상하지 못한 심각한 국정의 혼란과 정책 실패
를 몰고 와서, 정권 기반의 붕괴를 불러올 지 모르는 위험을 안고 있다.

국정과제의 도출 계기가 지극히 단기적이고, 정략적인 선거전략의 하
나로써 제기되었고, 이 사업을 국가 균형발전 정책의 일환이라는 정책논
리의 틀 속에 포장하여 국정의 최우선순위에 끼워 넣은 것도 다분히 허
구적인 논리에 바탕하고 있다.

수도권 과밀을 해소하는 방안으로써 서울의 시설을 밀어내서 지방으
로 이전하려는 과거의 지역개발 정책들은 우리 나라뿐 아니라 여러 선진
국에서도 이미 실패가 확인된 방법이다. 따라서 새로운 국가 균형발전 정
책은 지방의 내생적 기술혁신 능력을 키워서 새 첨단기술 산업을 일으켜
수도권 인구의 분산을 유도하려는 적극적 접근, 즉 선지방육성 정책이 그
기본이 되어야 한다.

그런데 서울의 정부 관청의 사무실을 지방으로 밀어내는 것이 국가 균형발전을 위한 지방의 내생적 혁신능력 향상과 무슨 관계가 있는가?

그런데도 신수도 건설사업을 지방분권과 국가 균형발전 정책의 중요 수단의 하나인 것처럼 포장해서 법을 통과시키고 추진체계를 짜고 있다.

더구나 이 신수도 건설사업을 국법으로 공식 인정받은 절차라고 주장하는 2003년 12월 29일의 국회는 이렇다 할 토론도 공청회도 없이, 여야가 다 충청도 표라는 눈앞의 득표계산에 눈이 먼 '집단 최면 상태' 속에서 26개 법안 속에 묻혀 통과된 것이다.

대통령과 정치 지도층이 수도이전 정책과 관련하여 보여 주고 있는 이와 같은 국정과제의 인식과 추진 자세는, 21세기 입구에 선 우리 나라가 추구해야 할 세계화의 대응능력 향상 노력과는 크게 어긋나 있다. 노무현 정부는 앞서 경험한 두 개의 민간정부에서 세계화에의 대응능력 부실이 어떤 정권적 실패를 몰고 오던가를 잘 보아 왔으면서도 전혀 교훈을 얻지 못한 듯이 보인다.

여기에는 앞서 설명한 정권 핵심집단의 쉽게 변할 수 없는 정책지향이 수도이전 사업에도 그대로 작동하고 있기 때문인 것 같다. 권력과 부의 수도권 집중에서 소외된 비수도권 지역민들과 집없는 서울서민들의 박탈감을 자극하는 것이 그 결과야 어떻든 선거전략으로써 유리하다는 '대중 영합주의', 새 세력이 국가 지배를 터잡고 서울의 기존 지배구조를 파괴하기 위해 천도가 필요하다고 인식하는 '도덕적 징벌주의', 지방화의 추구가 '역사책에 빛날 만한 정권의 간판 과제'라고 인식하는 '대내(對內)지향적과제 우선주의', 근 20년에 걸친 수도이전 사업이 얼마나 큰 인적, 물적 자원을 투입해야 하며, 그래서 얻는 소득이 무엇인가를 정밀하게 계산해 보지 않는 채 마구 밀어붙이는 '비실용적 이념주의'가 겹쳐

작동하면서, 신수도 건설사업이 제기되고 또 추진되어 가고 있다. 따라서 수도이전정책은 서울을 파괴하고 지방도 나라도 덕을 보지 못하는 잘못된 정책지향의 산물이다.

4. 천도사업이 국정 전 체계에 미치게 될 실패의 위험

국정 우선과제로서의 신수도 건설사업을 정략적 논리를 근간으로 계속 추진하게 되면 다음과 같은 심각한 국정의 혼란과 실패를 초래할 위험이 있다.

1) 국민의 요구와 정부의 과제 인식 간의 괴리가 커지면서 국정 전 체계에 걸친 혼란이 빚어지고 정부에 대한 국민의 실망이 커져갈 것이다.

오늘 이 시점의 국민이 정부에 요구하고 있는 최우선의 과제는 세계화가 빚어내고 있는 무한 경쟁의 틀 속에서 우리의 기업을 키우고 살려내서, 국민의 일자리를 창출해 달라는 것이다.

그러기 위해서는 개인, 기업, 나라의 국제 경쟁력의 바탕이 되는 교육, 과학, 기술의 혁신 능력을 극대화시킬 수 있는 정책에 최우선의 중점을 두어야 한다. 그런데도 정부가 전 공무원을 동원한 가운데 20년 이상의 시간과 최소 46조 원 이상의 비용을 들이면서 충청도 어느 지방으로 정부 청사 옮기는데 신경을 쓰게 되면, 국제 경쟁력 향상 노력을 게을리하게 된다. 그렇게 되면 우리의 산업이 공동화하고, 한국의 젊은이들이 일자리를 찾아 중국대륙을 헤매는 일이 발생하게 될 것이고, 그 책임은 노무현 정부가 뒤집어 쓸 수밖에 없다.

2) 노무현 정부가 공식으로 천명한 최우선 국정목표는 '국민소득 2만 불 달성'이며, 그 목표를 위한 중심 전략이 '동북아 경제 중심국가 건설'이다. 이 정책의 실현에는 동경이나 북경 또는 상해에 비교해서 서울의 국제 경쟁력 향상책이 그 중요한 기반 조건이 된다.

그런데 전국의 균형발전이란 '위선적 구호' 아래 서울의 힘을 꺾고, 한국의 경제·사회 관리의 핵심축인 서울의 정치·행정수도 기능을 부셔서 지방으로 이전하는 것은, 동북아 경제권 내에서의 경쟁상대인 북경과 동경에 비해, 서울의 물류, 금융 및 정보처리 능력은 물론, 세계도시(world city)로서의 문화적 경쟁력마저 위축시키는 것이다. 일본에서도 '87년 이래 추진해 오던 동경도의 이전에 관한 논의가 최근 사실상 중단된 것도 동경도의 국제 경쟁력 향상에 도움이 안된다는 것 때문이다.

따라서 수도이전 정책은 동북아 경제 중심국가 건설 정책과 상호 충돌하면서, 본격적 집행단계에 들어서면 국정관리상 자원투입의 우선순위 결정에서 심각한 혼란을 불러일으킬 것이 불보듯 뻔하다.

3) 충청도 지방으로의 수도이전 정책은 통일 정책의 추구, 특히 통일의 수용 태세 정비와도 배치된다.

서울은 600년 도읍으로서, 남북으로 분단된 민족이 통일되었을 때, 남북민족을 함께 아우를 수 있는 민족 통합의 상징적 수도로써의 정통성을 갖추고 있다. 지금 거국적 노력을 기울여 추진되고 있는 남북의 화해 노력으로 해서, 늦어도 20년 안에는 통일이 이룩될 수도 있는 가시권(可視圈)에 들어와 있는데, 앞으로 25년이나 걸려서, 그것도 서울보다 더 남쪽에 있는 조그만 지방으로 수도를 이전한다는 것은 통일된 후에, 이 신수도의 쓰임새가 없어질 것이니, 신수도 건설은 완전한 낭비로 전락될 수밖에 없고, 수도의 남천이라는 정책발상 자체가 통일을 기피하고 있다는 패배주의적 정책이라는 비판을 받을 수밖에 없다.

4) 서울을 떼어내서 신수도를 건설하는 것은 국가 균형발전 정책과도 아무 관련이 없을 뿐 아니라 오히려 균형발전 정책을 부실화시키는 원인이 된다.

오늘날 지역발전의 새로운 접근을 시도하게 된 것은 지난날의 관주도 하향식 지역개발정책이 수도 등 대도시의 인적·물적 시설의 일부를 밀어내서 지방을 발전시키려는 외생적요소 투입형 전략이 대부분 실패했기 때문에 제기된 것이다. 그래서 새로운 접근은 지방에 뿌리를 내린 교육·연구 시설이 보유한 기술혁신 능력을 고도화시켜 이에 바탕한 첨단 특화 산업을 발전시키려는 내생적이고 적극적인 혁신확산형 전략이다. 기본적으로 먼저 지방 육성을 해가지고 그 유인력으로 수도권의 집중을 억제해 보려는 것이다.

우리 나라의 국가 균형발전 정책도 바로 이러한 새로운 지역 개발 방법을 추구하려는 것이다. 밖으로부터의 요소 투입보다는 안으로부터의 혁신 능력을 발전전략의 원칙으로 삼고, 그 추진을 위한 수단으로써 지방 대학의 연구·교육 능력을 키워서 지역 혁신 체제(RIS: regional innovation system)를 구축한다는 것이 가장 핵심적 전략으로 설정되고 있다.

그런데 서울의 행정관청을 권력적 수단에 의해 충청도의 어느 지방으로 이전함으로써 그 지방의 혁신능력을 제고하여 '지역혁신 체제'의 발전을 이끌어 내고, 이로써 국가 균형발전을 위한 '선도(先導)도시'의 역할을 해낼 수 있다고 주장하는 것은 논리적으로도 실천적으로도 설득력이 없다.

더구나 현재의 국가 균형발전 정책 추진계획에 의하면, 과거 여러 부처에 나뉘어 있었던 지역 개발 예산을 통합한 예산이 연간 5조 원 정도인데, 그 중 낙후지역에 대한 보조 지원에 4조 원 정도가 쓰이고, 지역 혁신체제(RIS)의 구축에는 1조 원 정도가 투입될 예정인데, 이 돈으로는 1개 시도에 600억~700억 원 밖에 돌아가지 않는다.

이런 재원구조 상황에서 진정한 국가 균형발전과 무관한 신수도 건설에 최소 11.2조 원 이상의 재정을 투입하려 하는 것은 국가 균형발전 정책을 선도(先導)하는 것이 아니라, 그 정책이념을 왜곡하고 부실화시키는 원흉이 된다.

5) 최소 20~30년 이상이 소요되는 수도이전 사업이 일관되게 추진되기 위해서는, 그 기간 중에 등장할 4,5개의 정권 간에 여야의 입지가 바뀌어도 계속 추진한다는 보장이 있어야 한다.

그런데 이 사업이 제기되어 공론의 대상이 되고 법제화 되어가는 과정이 너무도 근시안적이고 당파적이고 정략적이었기 때문에, 여야정당 간, 지역 간, 집단 간에 충분한 토론의 기회도 없었고, 따라서 국민적 합의의 바탕도 극히 취약하다.

더구나 노무현 정부의 임기는 주로 수도 이전을 계획만하는 시기여서, 충청도민의 기대심리를 자극하는 이득만 얻고, 경제·사회적 비용은 크게 부담하지 않는데 비해서, 시설투자의 비용을 본격적으로 물어야 할 2007년 이후의 정권 담당자에게는 비용부담은 물론 그때쯤이면 들어날 지역 간 이해의 상극과 갈등의 심화를 풀어가야 할 어려운 정치적 짐을 져야 한다.

그때의 정권이 그 짐을 흔쾌히 지고 갈 만한 명분이 국민적 수준에서 합의되어 있지 않는 한, 수도이전 사업은 본격 추진 단계에서 중도 폐기될 수밖에 없게 될 것이다.

5. 결론과 대안

지금까지의 논의를 종합해 보면 다음과 같은 결론을 얻을 수 있다.

신행정수도 건설사업이 국정의 중요과제로서 성립된 계기나 논리적 구조가 21세기 초의 우리 정부가 전력을 기울여 추구해야 할 국정 우선과제로서의 적실성이나 정당성을 결여하고 있다.

또 이 수도이전 사업의 성격과 그 실질적 결과는 노무현 정부가 공식으로 내걸고 있는 더 중요한 국정과제들, 즉 '동북아 경제중심국가 건설', '남북통일의 추구' 그리고 '국가 균형발전 정책'이 추구하고 있는 목표들과 상호 충돌하거나 그 효과를 심각히 훼손하는 것이어서, 이 사업을 본격 추진하면 국정관리의 전 체계에 혼란을 일으키면서 수도이전도 다른 정책도 다함께 실패로 몰고 갈 위험이 있다.

또한 20년 이상이 걸릴 수도이전 사업에 대하여, 여야를 포함한 국민적 합의가 미숙한 채 몰고 나가면, 이 사업에 대한 본격적 투자가 시작될 2007년 이후에 등장할 정권으로서는 이 사업을 추진할 명분과 실익이 너무 취약해서 이 사업을 중도 폐기하기 쉽다.

따라서 노무현 정부가 국정과제의 잘못된 우선순위를 바로 잡고, 국정 관리체계의 심각한 혼란을 회피하며 심각한 정책 실패를 사전에 방지하여, 정권의 지지기반 그 자체의 붕괴위험을 줄이고자 한다면, 신행정수도 건설 사업은 하루라도 빨리 유보하거나 중지하고, 보다 효과적인 정책 대안을 모색해야 한다.

수도 서울의 과밀은 억제되어야 한다. 그리고 국가의 균형발전도 최대한 추구되어야 한다.

그러나 그 방안이 서울이 갖는 핵심기능인 정치 · 행정의 중추적 관리 기능을 지방으로 옮겨서 달성하려 하는 것은 서울의 국제 경쟁력을 훼손하고 저하시키면서도 지방의 내생적 발전 능력 향상에 별 도움이 되지 않는 것이다. 따라서 서울의 과밀을 억제하면서도 서울의 수도로서의 입지와 국제경쟁력을 훼손하지 않는 보다 효과적인 대안들을 모색해 볼 필요가 있다.

그런 방안 중에서 관심을 기울여 볼만한 대안은 정부 기능 중에서 중추적인 기획 · 관리 기능을 제외한 집행적 기능을 수행하는 하부 기관들이나 정부 안팎의 교육 · 연구 기능을 수행하는 기관들을 지방으로 이전하는 방안이다.

그 중에서도 특히 우선적으로 검토해 볼만한 이전 대상 기관은 국공립 대학을 비롯한 고등교육기관들이다. 서울대를 비롯한 20대 명문대학 중 65%가 서울에 집중되어 있는 것이 수도권 과밀의 중요한 원인의 하나가 되고 있고, 그에 관련되어 있는 인구도 중앙정부 행정기관 보다는 비교가 될 수 없을 정도로 많다.

그런데 오늘의 우리 나라 국제경쟁력 향상에 가장 큰 걸림돌이 대학 교육의 질적 수준이 낮다는 점인데, 그 이유 중에서 가장 중요한 것은 대학생들의 통학시간 소요가 너무 크다는 점이다. 즉 서울에 있는 대학들은 땅값이 비싸 기숙사를 지을 엄두를 못낸다. 그래서 학생 대부분이 매일 2,3시간씩 버스에 시달리면서 등 · 하교할 수밖에 없는 상황에서 학생들의 공부가 부실해질 수밖에 없다. 이렇게 대학생활을 보내고서야, 기숙사에 머물면서 하루에 열너댓 시간씩, 4~8년 동안 집중적으로 공부한 하버드나 옥스퍼드 대학생들과 어떻게 경쟁이 될 수 있겠는가.

따라서 수도이전에 들어갈 돈의 5분의 1만이라도 써서, 서울대학교부터 수도이전 예정지로 선택한 공주 지방으로 이전하여 학문연구에 전념할 수 있는 공간구조로써의 대학도시(university town)를 건설하면, 이미 지방캠퍼스를 만들기 시작한 다른 사립대학들도 그 시범을 따르게 될 것이고, 이는 수도 과밀의 억제와 국제 경쟁력 향상을 위한 고등교육의 질 개선을 함께 도모할 수 있는 효과적인 대안이 될 수 있다.

특히 이러한 대학의 지방이전 방안과, 서울에 몰려 있는 국공립 연구기관의 지방분산 정책을 결부해 보면, 지방으로 이전해 가는 대학들이 특히 세계적 수준으로까지 특화해 나가고자 하는 교육·연구 분야를 설정하게 하고, 이것과 밀접한 관련이 있는 국책 연구기관 및 관련 공공기관을 엄선해서 대학과 연계된 3,4개 정도의 학·연 단지를 조성하는 일에 최소 10년~20년쯤의 시간과 단지당 최소 10조~20조 원쯤의 재정 투입을 하겠다는 계획을 세운다면, 서울의 과밀해소와 국가 균형발전 정책의 두마리 토기를 함께 잡을 수도 있을 것이다.

8_ 수도이전과 토건국가(土建國家) 건설

최상철_ 서울대학교 환경대학원 교수

1. 잃어버린 10년

1) 일본의 교훈

오늘날 우리 나라는 1990년대 초 일본과 너무 닮아가고 있다. 닮아가고 있는 것이 아니라 닮으려고 노력하고 있는 것 같다. 천도 문제는 물론 공공기관 지방이전, 대규모 리조트 개발, 의욕만 넘치는 국제화전략, 지방마다 첨단산업 및 연구단지조성, 대규모 토목사업의 발표가 그것이다.

일본은 1990년 일본경제의 거품현상이 일시에 터지면서 이른바 잃어버린 10년이라는 길고도 어두운 터널을 빠져나와 새로운 도약을 준비하고 있다. 1980년대를 통하여 동경의 지가는 3배를 뛰었으며 동경 중심부에 있는 궁성의 땅만 팔아도 미국의 켈리포니아주를 살 수 있다고 장담하였다. 뉴욕의 금싸라기 건물 록펠러센터를 사들이고, 세계적 명문 골프장의 하나인 페블비치 골프장을 사들였다. 하와이 호노룰루에서 가장 고급주택가인 카할라 지역에 멀쩡하게 살고 있는 집주인에게 시가의 두 배를 줄 테니 집을 팔라고 조르는 현상이 나타났다. 오늘날 로스엔젤레스에 같은 현상이 벌어지고 있다. 몇 년 만에 집값이 두 배로 뛰었고 교포사회는 물론 한국에서 불법으로 반출된 외환으로 미국의 부동산 시장을 뜨겁게 달구고 있다. 그러나 그것은 거품이었다. 하루 아침에 거품이 터진 것이다. 자산가치가 5분의 1로 하락하고 높은 담보물을 저당으로 돈을 빌려준 은행들은 대출금을 회수할 방법이 없게 되었다. 페블비치 골프장도 카할라의 주택도 빚을 갚기 위해 반 값으로 내놓았으나 살 사람도 찾지 못하는 현상이 벌어졌다.

이러한 일본의 버블현상은 하루 아침에 생겨난 것은 아니다. 근본적으로 일본의 고도경제 성장기에 엄청난 부를 축적한 돈이 갈 곳을 몰라 부동산 투기에 몰리면서 시작되었지만 이것을 부채질한 것은 일본 정치였다.

1972년 다나카 가꾸에이(田中角榮)수상의 등장이었다. 중학교를 마치고 일설에 의하면 해방 전 우리 나라 대전에서 토건업으로 시작하여 장가를 잘 들어 처가의 토건업을 승계하여 출세의 길을 걸었다고 한다. 일본의 낙후지역 중의 하나인 니이가다(新潟) 출신으로 25년 간 중의원 의원으로 있다가 수상이 된 인물이다. 그때 발간한 저서가 『일본열도 개조론』이다. 자라 온 환경이나 출신지로 보아서 일본 주류사회에서 소외된 인물이 일본 수상이 된 것이다. 이 책의 서문에서 그의 국토개조 철학을 다음과 같이 분명히 하고 있다.

"명치 100년을 하나의 전환점으로 하여 도시집중의 공적은 명백히 병폐로 변했다. 도시집중(도쿄와 오사카를 잇는 태평양도시와 산업벨트)현상을 대담히 전환하여 민족의 활력과 일본경제의 강인한 여력을 일본열도의 전역을 향해 전개시키는 것이다. 공업의 전국적인 재배치와 지식집약화, 전국 신간선과 고속자동차도로의 건설, 정보통신망 네트워크의 형성을 테마로 해서 도시와 농촌, '바깥쪽(表) 일본'과 '안쪽(裏) 일본'과의 격차를 기필코 없이 해야 하겠다."

이와 같은 국토개조철학에 의해 제일 먼저 시작한 것이 고향 니이가다와 동경을 연결하는 신간선의 건설이었고 동경권에 대한 한반도를 바라보는 일본의 그늘진 안쪽 개발을 추진하였다. 승객이 없는 철도가 건설되었고, 자동차가 다니지 않는 도로가 개설되었으며, 지방마다 행사도 관객도 없는 대규모 경기장들이 건설되기 시작했다.

이때부터 일본은 토목과 건설공사의 천국이라는 의미의 토건국가(土建國家)라는 말이 생겨났다. 대규모 토목공사를 벌임으로서 정치인들은 건설업체로부터 정치자금을 마련했고, 지방은 땅값이 올라서 좋고, 건설업체는 일거리가 생겨서 행복한 집단적 부패의 싹이 튼 것이다. 고도경제성장기의 일본 국민들은 미래야 어떻게 되든 간에 우선 땅값, 집값이 오르니 좋아하고 있었다.

이러한 토건국가적 버블현상은 1970년대에 계속되었다. 1973년부터 1977년 5년 사이에 653개의 골프장이 개장되었고 이를 뒷받침하기 위한 이른바 리조트 개발법을 제정하였다. 지방마다 리조트 개발이란 명분 아래 대규모 관광휴양지와 골프장이 건설되었다. 2002년 현재 일본에는 2200개의 골프장이 있다. 이 모든 골프장들이 1973년부터 1992년까지 건설된 것이다. 이 시기에 개장한 예탁금 회원제골프장은 높은 예탁금을 받고 분양되었으나 예탁금을 되돌려 주어야 하는 1998년 이후 회원제 예탁금은 공급과잉으로 회원권 가격은 폭락하였고 거의 모든 골프장은 파산하고 말았다. 이러한 일본의 골프장 부도사태 때문에 우리 나라 사람들이 우리 나라보다 값싼 일본 회원권을 사고 있으며 제주도보다 저렴한 일본 골프패키지투어가 인기를 얻고 있다. 일본 사람들이 우리 나라에 오는 것이 아니라 우리 나라 사람 때문에 일본 골프장이 먹고 산다는 이야기까지 나오는 셈이다. 1만 불짜리 한국이 3만 불의 일본을 도와주고 있는 셈이다.

한번 굴러가기 시작한 바퀴는 갑자기 세우면 넘어지기 마련이다. 이와 같은 일본의 토건국가적 버블현상을 유지하기 위하여 정부의 악수는 계속되었다. 1980년대에 3대 과잉현상으로 이어졌다. 과잉개발, 과잉투자, 과잉채무가 그것이다. 1988년 다케시타(竹下)내각은 의욕적인 공공기관 지방이전계획을 시작하였다. 동경권에 있는 200개 공공기관을 지방으로 이전하는 계획으로 중앙정부기관 30개, 연구시험기관 90개, 특수법인 70개, 국립대 10개 등 200개 공공기관을 지방으로 이전하고자 하였으나 겨우 76개 기관이 지방으로 이전하고 다케시타 내각의 종료와 함께 끝이 났지만 리조트 개발은 계속되었다. 1990년 현재 450~500개의 지방 리조트 개발사업이 진행되었고 5만㎢ 즉 일본 국토면적의 14%가 리조트개발 붐으로 파헤쳐지고 말았다. 당초 10개정도로 출발한 신산업도시개발사업은 선거를 치룰 때마다 눈덩이처럼 늘어나 일본 전역에 100여 개 넘게 신산업도시가 지정되었으며 지방마다 첨단산업도시이고 국제도시로의 발전을 표방하고 나섰다. 이것 역시 일본적 부동산버블현상을 직접, 간접적으로 가중시켜 나갔다. 동경권을 희생양으로 삼으면서 정치가들은 지방을 정치적으로 이용했고 거의 모든 지방정부를 파산 직전까지 몰고 갔다.

2) 사실상 포기한 수도이전

1970년대 이후 20년 간 지속된 버블경제의 대미를 장식한 발상이 수도이전이었다. 1990년 11월 일본 부동산버블현상이 절정에 달하고 있을 때 일본 중의원 및 참의원 양원에서 '국회 등의 이전에 관한 결의'가 채택되었고 같은 해 12월 내각에 '수도기능이전자문회의'가 발족되었으며 약 2년 간의 논의를 거쳐 1992년 12월에 '국회 등의 이전에 관한 법률' 즉 수도이전법이 통과되었다. 일본에서 수도이전문제가 제기된 것은 어제 오늘의 일이 아니다. 명치유신을 계기로 1000년의 고도 교토(京都)에서 도쿄(東京)로 이전한 역사적 천도를 차지하고도 1923년 관동대지진으로 6만 명의 사망자와 도쿄시가지의 42%가 소실되는 대재앙이후 육군참모본부에서 수도이전을 검토한 바 있었다. 1955년 고노(河野—朗)내각은 나고야를 중심으로 하는 중부권에 인구 50만 명, 2300만 평의 신수도건설을 구상한 바 있으나 흐지부지되어 버리고 도쿄올림픽, 오사카엑스포, 쯔쿠바 연구학원도시 등의 대규모 국책사업 속에 묻혀 버리고 말았다.

그러나 1992년 '국회 등의 이전에 관한 법률'은 어떠한 의미에선 토건국가 내지 지방분권주의의 연장선상에서 구체화되어졌다. 법이 통과된 후 1995년 수도이전에 관한 입지선정기준으로 9개 항목을 발표하였으며 최소한 도쿄로부터 300km이상 떨어진 곳이어야 한다는 원칙 하에 제1차적으로 10개 후보지를 선정하여 평가에 들어갔다. 가장 좋은 점수를 받은 토치기 · 후쿠시마지역과 제2위의 기후 · 아이치지역, 제3의 후보지로서 미예 · 기오지역이 선정되었다. 그러나 최종후보지가 결정되고 수도이전이 시작될 것이라는 기대와는 달리 버블경제 붕괴 이후 중앙정부 및 지방정부의 재정적 악화, 일본경제의 장기적 침체, 도쿄의 지가 하락과 국가경쟁력 약화 등의 이유도 있었지만 도쿄도의 수도이전 반대에 대한 강력한 캠페인과 정치적 압력으로 사실상 수도이전 논의는 철회된 상태로 보인다. 후보지로 상정된 3개 지역에서도 커다란 기대를 하지 않는 것 같으며 수도이전을 반대하는 학자는 물론 국민적 여론에 떠밀려 수도이전 논의 자체가 국민적 관심 밖으로 몰려 있는 것 같다.

수도이전을 반대하는 메이지 대학의 이찌카와 히로오(市川宏雄) 교수는 수도이전계획은 결국 토건국가 즉 공공사업을 확대하여 또 하나의 버블경제를 지속화시키려는 속임수라고 말하면서 수도이전이 25.3조 엔의 경제효과를 가져올 것이라는 것을 환상이라고 반박하고 있다. 버블경제의 부활을 저지해야 하며 수도이전보다는 중앙정부의 개혁과 지방분권이 선행되어야 한다고 주장하고 있다. 법이 통과되어 결정된 것이니까 그대로 밀고 나가야 한다는 억지의 논리와 수도이전만 하면 모든 문제가 동시에 해결되고 만병통치약이며 황금알을 낳는 거위처럼 생각하지 말라는 경고를 하고 있다. 마치 우리 나라 수도이전 찬반논쟁을 보는 것 같다. 이찌카와 교수는 필자에게 수도이전은 토건국가의 단말마(斷末魔)이며 45.6조 원이면 신수도 건설을 할 수 있다는 계산의 착오와 신수도입지 대상주민들의 반대가 불보듯 뻔한 이야기를 어떻게 모르느냐고 반문하고 있다. 예로서 오늘날까지 이어지고 있는 나리타 신국제공항 주민들의 반대투쟁을 들고 있다. 지역혁신클러스터와 신교통수단으로 국토개조를 하겠다는 논리는 국민을 현혹시켜 수도이전을 미화하려는 선전술에 불과하다고 말하였다. 일본의 이야기가 아니고 우리들의 이야기인 것 같다. 잘사는 형제에게 돌을 던져 다른 형제들에게 무슨 덕이 있는지? 수도를 옮긴다면서 도쿄의 수상관저를 다시 짓는 것은 무엇인지? 수도를 이전하는 비용으로 진정 지방을 살려야 하고 세계 속에 도쿄만한 경쟁력있는 도시를 만드는데 앞으로 몇 년이 걸릴지 생각해 보아야 한다고 하였다. 이것은 남의 이야기가 아니고 오늘날 우리나라에 그대로 일본의 이야기이다.

2. 한국적 버블경제의 시작

잃어버린 10년이라는 일본의 악몽이 우리 나라에서 되살아나고 있다. 1992년 일본의 버블경제가 깨어질 때 1300조 원에 달하는 부동산과 주식의 거품이 하루 아침에 날아갔다. 다나카 수상의 일본 열도 개조론으로부터 시작된 토건국가적 부패구조의 영속화와 부동산 투기, 공공기관 지방이전, 첨단산업도시 건설, 대규모 리조트 개발, 수도이전에 이르기까지 오늘날 우리 나라는 일본의 과거를 보는 것 같다. 실패한 일본의 경험을 되풀이하려고 노력하는 것 같다.

그것도 노무현 정부가 들어온 지난 일 년 반 동안 한꺼번에 쏟아 놓은 정책이다. 국가균형발전 5개년계획에 의하면 시도마다 4개씩 개발하여 전국적으로 64개 지역혁신클러스터를 육성하려고 하고 있다. 지방에 20개의 혁신 신도시를 건설하고 경제인들은 이에 덧붙여 기업도시건설을 제안하고 있다. 지역혁신클러스터 내지 혁신신도시는 건설되어야 한다. 그러나 지도 위에 그린다고 되는 것도 아니고 5년 동안에 만들 수도 없는 것이다. 대덕연구단지 하나 만드는데 30년이라는 시간이 걸렸고 30조 원의 투자가 필요하였다. 광주 첨단산업 연구단지만 하더라도 15년이 지났으나 아직도 제자리걸음을 하고 있다. 미국만 하더라도 지역혁신클러스터는 실리콘벨리, 보스톤의 I-25, 노스캐롤라이나의 리서치 트라이앵글, 택사스로부터 남부 켈리포니아에 걸친 이른바 선벨트에 첨단산업클러스터가 생겨나기까지 몇 십 년이 걸렸다. 우리 나라의 경우 광역시를 끼고 있는 시도에 하나 정도 집중적으로 개발해도 될까 말까하는 일이다. 충청권의 신행정수도 건설로 소외감을 느끼고 있는 다른 지역들을 달래기 위해 지도 위에 그림만 그린 셈이다. 일본의 지방자치단체별로 우후죽순처럼 추진된 첨단산업도시건설의 실패를 직시해야 한다. 결국 부동산 버블현상을 가중시킨 꼴이 되었다.

충청권 신행정수도 건설로 조용하던 충청권의 지가가 4배로 뛰었다. 아무것도 투자된 바도 없는데 충청권의 부동산 버블만 초래한 셈이다. 이미 상당한 토지가 외지인들의 수중으로 들어갔고 원주민들은 갈 곳을 잃어버렸다. 신행정수도가 오지 않으면 제2의 부안사태가 올 것 같은 분위기로 변해버렸다. 노무현 대통령은 포항에서 100조가 들더라도 신행정수도는 건설할 것이며 경기부양책으로 수도이전을 거론한 바 있다.

경기부양책으로 수도이전한다는 발상자체가 토건국가적 발상이며 거품경제예찬론이다. 경기가 나쁠 때마다 수도를 옮긴다면 순회수도가 되는 셈이다. 한걸음 더 나아가 신행정수도건설을 한국판 뉴딜정책으로 미화하고 있다. 뉴딜정책의 배경이 된 미국대공황의 시작은 근본적으로 과잉생산에 의한 디플레이션에 있었지만 불씨를 붙인 것은 플로리다의 부동산투기 때문이었다고 말하고 있다. 더위와 모기로 쓸모없는 땅으로 치부되던 플로리다가 관광휴양붐과 에어컨의 발명으로 갑자기 각광을 받게 되자 플로리다 부동산 붐에 돈이 몰렸고 이러한 플로리다 버블현상이 깨지면서 증권이 폭락하고 은행이 문을 닫는 현상이 벌어진 것이다. 우리나라 신행정수도 건설과 국토개조란 이름으로 추진되는 대규모 토목사업은 바로 한국적 대공황으로 비화될 가능성이 큰 것이다. 이미 우리 나라는 장기불황의 늪으로 빠져들고 있다. 건설경기가 침체되기 시작했고 지난 10년 동안 너무 많은 집을 짓다보니 서울의 일부 지역을 제외한 전국에 주택미분양사태가 벌어지고 있다. 일본식 토건국가의 종말이 우리들에게 다가오고 있다. 주 5일제근무와 인구의 노령화에 발맞추어 대규모 리조트 개발을 서두르고 있다. 일본의 1980년대를 방불케하는 골프장, 콘도, 휴양위락지구 건설을 서두르고 있다. 어쩌면 그렇게 실패한 일본의 경험을 그대로 답습하고 있는지, 혹시 청와대 브레인 중에 1980년대 일본에서 공부한 참모들이 대거 진을 치고 있지 않나 하는 생각도 든다. 그것도 잃어버린 10년의 일본의 교훈을 모르고 있는 브레인들이 아니길 바란다.

3. 지속가능한 국가발전의 길

일본의 수도이전은 이미 물 건너갔다. 동경권을 재생시켜야 일본이 산다는 도쿄 '빅뱅' 논리를 법제화해야 한다고 법안을 제출한 바 있으며 2002년 제정된 대도시 도심활성화법이 그 일환이다. 우리 나라는 거꾸로 가고 있다. 서울과 수도권만 죽이면 나라가 균형있게 발전하고 국가경쟁력이 살아난다는 억지논리를 내놓고 있다. 지방마다 죽어가고 있는 중소도시들을 팽개치고 신도시를 건설하려고 하고 있다. 전국을 신도시, 지역혁신클러스터, 리조트 개발이란 이름으로 파헤칠 궁리를 하고 있으며 부동산 투기붐을 조성하고 있다. 이것은 바로 지속가능한 발전이라는 세계적 패러다임과 국가발전목표에도 어긋난다. 기존도시를 재활용하고 재생시키면서 보다 컴팩트하고 스마트하게 개발해야 할 것이며 신도시보다 기존도시를 활용하여 국토의 훼손을 최소화하고 환경적으로 건전한 국가를 건설해야 할 것이다. 땅파고 집짓는데 국력을 기울일 것이 아니라 사람을 키우고 산업의 경쟁력을 기르는데 힘을 모아야 할 것이다. 토건국가라는 포퓰리즘으로부터 벗어나 당분간 욕을 얻어먹더라도 국가백년대계를 위한 국가발전의 비전을 제시해야 할 것이다.

지역개발이 정치적으로 이용될 때 나라가 망한다는 사실은 유럽 여러 나라가 경험한 바 있다. 영국의 데쳐리즘이 그러했고 프랑스의 지역정책의 대전환이 그러했다. 프랑스는 내국적 균형발전정책에서 유럽 및 글로벌경쟁력향상이란 차원에서 파리대도시권 개발전략을 수정하였다. 가까이는 일본과 유럽의 여러 나라가 겪은 실패의 경향을 우리는 반복하지 않아야 한다. 눈을 가리고 밀어붙인다고 되는 것은 아니다. 우리식대로 살겠다는 북한이 처한 현실을 외면해서는 아니 될 것이다.

　모른다는 것조차 모른다는 것만큼 위험한 일은 없는 것이다. 눈을 크게 뜨고 밖을 보면서 냉철한 논리와 뜨거운 가슴으로 국가의 백년대계를 설계해야 할 것이다.

9_ 노무현 대통령의 천도론에 대한 비판적 고찰

유우익_ 서울대학교 지리학과 교수

1. 천도(遷都)의 지정학(地政學)

　정상적이고 합리적인 수도의 입지는 국토의 어느 곳에서나 쉽게 접근이 되는 중심적 위치에서 이루어진다. 또는 국가발전을 위해 전략적인 곳을 택할 수도 있다. 어느 경우든 국가의 전통과 역사적 가치를 잘 나타내고 상징할 수 있는 곳이어야 한다. 수도의 입지는 결국 정치적 의사결정의 결과이다. 그러므로 수도는 옮길 수 있다. 로마, 파리, 런던, 아테네와 같은 유럽의 수도들이 국가 발생의 초기부터 오랫동안 정치, 경제, 문화의 중심 기능을 수행해 온 데 비해 아메리카의 수도는 그 역사도 짧고 정치적 기능에 중점이 주어져 있다. 일본은 동경으로 수도를 옮겨 가서 새로운 시대를 열었고, 오스트레일리아는 이해집단 간의 대립 때문에 시드니, 멜버른 중의 어느 하나를 선택할 수 없어서 타협안으로 캔버라를 신수도로 건설하였다.

　천도의 이유는 대체로 다음의 네 가지로 압축된다.

　첫째, 국가발전의 핵심지역으로 옮겨가는 경우인데 인도의 델리와 러시아의 모스크바가 여기에 해당한다. 인도의 수도는 본래 파트나와 델리 사이에 있었으나 영국 지배 하에서 캘커타로 옮겨졌다가 독립 후 다시 델리로 돌아갔다. 그리고 러시아는 18세기 초 수도를 내륙의 역사적 수도 모스크바에서 '서방의 창'으로 새로 건설된 상트 페테르부르크로 옮겼다. 그 후 서유럽과의 접촉을 위한 창구 역할이 다하자 다시 전통이 강조되었고 수도는 모스크바로 다시 돌아갔다.

　둘째, 민족의 문화적 특질에 따라 수도를 이전한 경우인데, 터키의 앙카라와 브라질의 브라질리아가 여기에 해당한다. 터키의 수도는 14세기 오스만 터키가 소아시아를 정복하여 브루사에 수도를 건설하기까지 계속해서 서쪽으로 옮겨 갔다. 발칸반도를 점령하자 에디르네(Adrianople)로 옮겨 갔고, 다뉴브강에서 유프라테스강과 나일강 유역까지를 점령하자 콘스탄티노플(지금의 Istanbul)이 최적의 위치가 되었다. 1923년 후에 '터키인만의 터키'가 되자 기독교와 희랍의 전통을 이어받은 콘스탄티노플을 버리고 아나톨리아 고원 중앙의 앙카라로 돌아갔다. 터키의 전통이 보다 잘 간직되고 발전될 수 있는 곳으로 되돌아간 것이다.

브라질리아의 경우에는 침략과 재난에 대비하고 내륙개발의 전진기지로 구상되었다는 점에서 조금은 색다르지만, 국민의 관심을 결집시켜 통합을 이루는데 기여하고 국민에게 자부심과 긍지를 줄 수 있는 상징으로 개발되었다는 점에서는 같은 범주에서 평가된다. 파키스탄은 카라치에서 아프가니스탄 및 인도와의 접경 분쟁 지대 전방에 위치한 동북부의 이슬라마바드로 옮겨 정책결정에 보다 심각한 위치를 부여함으로써 국가의 결의를 나타내고자 하였다. 이스라엘인들이 텔아비브에서 기어이 예루살렘으로 돌아가고자 하는 이유도 같은 맥락에서 이해할 수 있을 것이다.

셋째, 보다 넓은 세상을 향해 전망이 열린 곳으로 옮겨 가는 경우이다. 앞에 언급한 러시아의 상트 페테르부르크, 인도의 캘커타, 터키의 콘스탄티노플이 여기에 속한다. 아시아에서는 버마가 만달레이에서 랑군으로, 태국이 아유타에서 방콕으로 옮겨 감으로써 수도를 내륙에서 해안으로 옮겨 바깥 세상과의 관계를 열고자 했다. 중국의 난징(南京) 천도도 같은 범주에 넣어 생각해 볼 수 있을 것이다. 중국을 비롯한 동아시아의 경우 왕조가 바뀌면 수도를 옮겨 국운을 열고 새로운 기풍을 진작하려 한 예가 많다. 이러한 경우에는 천도가 암묵적으로는 지배세력 교체의 수단으로 동원된 측면도 있다.

넷째, 아프리카 신생독립국들의 경우와 같이 유럽인들의 통치의 거점이었던 식민도시를 버리고 새로운 수도를 건설하거나 내륙의 전통도시로 옮겨 가서 수도로 삼는 경우이다. 말라위는 좀바에서 릴롱궤(Lilongwe)로, 탄자니아는 해안의 다르 에스 살람(Dar es Salaam)에서 중심지의 도도마로, 나이지리아 역시 해안의 라고스에서 내륙의 아부자 옆에 신수도를 계획하였다. 그 외에 코트디부아르(Abidjan), 스리랑카(Colombo) 등도 수도 이전을 계획하거나 착수하고 있다.

천도는 옛 땅에 뿌리내려 전통을 유지하려는 의지와 새로운 풍요의 가능성을 향해 전선을 향해 옮겨 가려는 욕구 사이에 일어나는 갈등의 산물이다. 통치자의 입장에서는 국민의 주의를 끌 수 있고, 나아가 국민의 의지를 결집시킬 수 있다는 점에서 천도를 하나의 정치적인 조작수단으로 볼 수도 있다. 그래서 천도에 관한 의사결정은 손익과 여건에 대한 충분한 논의와 이를 통한 국민적 합의를 전제로 한다. 그리고 그 논의는 호불호 수준의 단순한 감정적 차원에서가 아니라 장기적이고 전문적인 인식의 토대 위에서 이루어져야 한다. 결코 단기적이고 부분적인 정파 또는 지역 이기주의에 매몰되어서는 안 된다. 그것은 수도가 국기에 준하는 중대한 기능으로 시행착오를 허용하지 않으며, 공간적 관성을 갖는 물리적 실체로 한번 정해지면 쉬 돌이킬 수 없기 때문이다. 우리가 흔히 예로 드는 브라질리아의 경우에도 그 비용이 국가발전의 발목을 잡을 만큼 부담이 되었고, 파키스탄의 이슬라마바드는 여전히 명목상의 수도에 머무르고 있으며, 일본은 이전 자체를 사실상 포기한 상태에 이르고 있다는 사실을 직시할 필요가 있다.

2. 독일과 일본의 교훈

혹자는 독일이 통일 후에 수도를 구서독의 잠정적 수도 본에서 베를린으로 옮긴 것을 천도의 사례로 들기도 하지만, 이 경우에는 이전이라기보다 회복이라고 보는 편이 옳을 것이다. 그것은 독일이 통일 후 구동독지역의 행정구역과 도시들의 체제와 명칭을 1945년 이전의 상태로 환원시킨 것을 보면 분명해진다.

통일독일의 수도 베를린은 이처럼 일차적으로 독일의 역사와 국가 정체성의 복구를 상징한다. 다음으로 체제경쟁에서 패배하고 '오티(Otti)'로 낮추어 불리면서 2등 국민으로 전락하게 된 구동독 주민들에게 수도라는 국가적 상징의 계승을 통해 최소한의 자존심을 지킬 수 있도록 배려한 측면이 있다. 베를린에 대한 투자를 낙후한 구동독지역의 인프라를 현대화하고 경제부흥을 촉진시키기 위한 거점개발로 연계하여 구상한 것도 독일다운 발상이다. 그 뿐이 아니다. 독일이 유럽 최고의 인프라를 갖춘, 매력적이고 성공적이었던 수도 본을 버리고 반세기 동안 퇴락한 비운의 메트로폴리스 베를린을 선택한 이면에는 또 하나의 아무도 명시적으로 말하지 않는 이유가 있다. 러시아를 포함한 구 동구권에 대한 전략적 영향력과 함께 서유럽만이 아닌 전 유럽의 중심적 위치를 확보한다는 지정학적 고려가 그것이다.

일본에서는 1977년과 87년의 제3, 4차 국토총합개발계획에서 수도이전이 동경의 집중을 완화할 수 있는 적극적 방안으로 제시되면서 본격적 논의가 이루어졌다. 1990년 '국회 등의 이전에 관한 법률'이 의결되고 2000년에는 최종 후보지를 2개 지역으로 압축하는데까지 이르렀다. 그러나 그 계획은 최근 정부가 재정자금 투입을 중단하고 형식적인 간담

회만 남겨둠으로써 사실상 폐기되었다.

한 세대에 걸친 긴 논의에도 불구하고 일본의 수도이전계획이 무산될 지경에 이른 것은 정부가 반대론자들의 논리를 극복하고 여론 통합을 이루는데 실패했기 때문이다. 반대의 요지는 동경 집중완화만으로는 수도이전의 이유와 명분이 약하고, 소요비용에 비해 효과가 제한적이라는데 모아졌다. 수도이전의 효과가 국지적 수혜에 그칠 것임에 비해 막대한 투자가 비효율적이라는 것이었다. 동경이 국제경쟁력을 상실하게 될 것이고 나아가 국가채무가 증가하여 일본의 위기로 연결될 수 있다는 우려도 심각하게 제기되었다. 동경 일극 중심은 향후 완화될 것이며 지방발전을 위해서는 수도이전보다 지방분권과 도시재생을 통해 지역잠재력을 발현시키는 것이 낫다는 주장이었다.

3. 노무현 대통령의 천도론

행정수도 이전 논의는 1960년대 이후 정부가 추진한 수도권 인구 및 기능집중억제정책의 연장선상에서 비롯되었다. 1971년 대선 때 김대중 후보가 대전으로 행정부를 옮기겠다고 공약하면서 불거진 수도 기능 이전 아이디어는 1977년 박정희 대통령이 임시행정수도 건설구상을 밝힘으로써 보다 공식화되었다. 이어 1979년 충남 공주군 장기면 일대에 '임시행정수도'를 15년에 걸쳐 건설한다는 백지계획이 마련되었으나 이도 논란을 거쳐 전면 백지화되었다.

지난 대선 막바지에 노무현 후보는 충청권에 신행정수도를 건설하겠다고 공약하고 나서 세상을 놀라게 하였다. 이 돌출성 공약은 시기의 절박성으로 인해 이유와 목표의 정당성이나 실현 가능성에 관한 논의를 거칠 겨를도 없이 곧바로 선거전의 찬반 이슈로 부각되었다. 평자들은 노후보가 충청권에서 기대 이상으로 선전하고 또 당선된 것은 결과적으로 이 수도이전 공약의 득표효과에 힘입은 바가 컸다고 한다. 또 노대통령 자신도 어느 자리에선가 충청권 수도이전 공약으로 '재미 좀 봤다'고 실토하였다.

이어서 정부 여당은 신행정수도건설을 최우선적 공약사업으로 못 박고 청와대 내에 추진 기구를 만들어 이를 기정사실화해 나갔다. 야당은 반대를 당론으로 정해 놓고도 어물어물했고, 학계에서도 정부 산하 연구기관이나 몇몇 관변 인사들이 사후 논리 개발에 매달리는 외에는 별로 진지하게 받아들이지 않는 분위기였다. 언론은 촛불시위, 노사대결, 또는 영화나 심지어 누드 이야기 속에 이런 국가 중대사를 묻음으로써 사실상 논의를 외면하였다. 이틈에 정부 여당은 소위 '신행정수도건설지원특별조치법'이라는 긴 이름표를 단 천도법안을 '국가균형발전특별법' 및 '지방분권특별법'과 한데 묶어 슬며시 들이 밀었다. 얼빠진 국회의원들은 제대로 논의도 않은 채 충청권 동료의원들 눈치를 보면서 손을 들어 주었다. 지역이기주의와 야합한 득표정략에 여야가 공히 인질로 잡혀 국가대사를 제물로 바친 것이다. 2003년 12월 29일의 일이니, 대선 공약이 나오고 불과 일 년 만이다. 세계사에 유례가 없는 일이다. 뒤늦게나마 지식인, 전문가들이 '수도이전반대국민포럼'을 결성하고 비판에 나섰으나 정부여당은 수도이전을 기정사실화하고 애써 귀를 막고 있다. 신행정수도건설추진기획단이 본격적인 조직을 가동하고 국가균형발전위원회가 앞장서서 공공기관이전계획을 수립하기 시작했다. 대통령은 지금까지 애써 신행정수도건설로 축소 포장했던 것을 천도(遷都)로 밝히고 그것이

지배세력의 교체를 염두에 둔 것임을 공언하였다. 최근에는 거기서 한발 더 나아가 통일수도 건설 구상까지 내어 놓았다.

식자들은 입지선정을 포함하여 본격적 신수도 계획 논의가 총선 뒤로 미루어진 것 역시 선거 전략이라고 짐작한다. 그러면서도 여전히 '설마 천도가 되겠느냐'고 말한다. 그러나 특별법의 뒷받침을 받는 정부조직이 만들어졌고, 후보지의 땅 투기는 기승을 부리고 있다. 어차피 논쟁은 이어질 것이다. 따라서 지금이라도 이 계획의 성격과 목적을 분명히 해 둘 필요가 있다.

먼저 이 계획은 아무리 축소 포장을 하더라도 대통령 자신이 공개 석상에서 언명한 바와 같이 신행정수도건설이 아니라 수도 자체를 옮기는 것, 곧 천도이다. 청와대와 행정부, 국회, 사법부, 그리고 외국의 공관까지 이전계획에 포함시켜 놓고도 딴 말을 하게 되면 개념의 혼란 때문에도 올바른 논의가 이루어질 수 없다.

다음으로 이 계획이 표방하고 있는 수도 이전의 이유 또는 목표이다. '전국 어디에서 누구나 고루 잘 사는 나라를 만들기 위해서'라거나 '수도권과 지방의 특성을 살려 골고루 발전시켜 나가면서 상호협력과 보완을 통해 국민통합에 기여하기 위해서' 따위의 허구적 수사를 빼고 나면, 천도의 목적은 다음 두 가지로 요약된다. 즉, 수도기능의 지방 분산을 통해 수도권 집중을 완화하고 국토의 균형발전을 이루겠다는 것이 그것이다.

그런데 노무현 대통령이 말에서는 천도를 통한 지배세력 교체가 정치적 목적으로 내재해 있다는 추론이 가능하다. 그리고 소위 '통일수도 구상'에 관한 발언으로 보면 남북한 연합 내지 연방제를 염두에 둔 것 같이 비친다.

4. 천도론 비판

대통령에 당선되었으니 선거공약이 모두 국민적 합의를 얻은 것이라는 선거 결과의 해석은 논리의 비약이다. 국민의 과반수가 노 후보에게 투표한 것도 아니고 노 후보를 택한 모든 이들이 그 공약을 지지하기 때문에 택한 것도 아니다. 국민투표를 거쳐야 할 헌법적 사안이라는 등의 지적은 절차에 관한 법률적 문제로 남아있다. 대통령에 대한 지지도가 바닥권에 머물고 있고, 의회가 총선을 앞두고 총체적으로 불신 받고 있는 상황에서 국기에 관련된 중대 사안을 졸속처리한 것은 정치적 정당성을 결한다는 주장 또한 만만치 않은 쟁점으로 남아있다. 그러나 여기서는 천도의 여건과 내용을 중심으로 살펴보기로 하자.

첫째, 태평성대가 아니다. 천도는 예나 지금이나 국력을 기울이는 일이다. 그런데 지금은 천도에 막대한 돈과 노력을 쏟아 넣을 만큼 한가한 때가 아니라는 말이다. 세계화가 잠시의 머뭇거림도 용납하지 않을 만큼 급속히 진전되고 있고, 동아시아 질서도 이해관계를 첨예하게 대립시키면서 요동치고 있다. 일본이 세계 2위의 경제력을 앞세워 재무장을 서둘고 있는 다른 편에서 중국은 세계자원과 시장의 블랙홀로 커지고 있다. 북한핵과 미군재배치 등 남북관계도 불안정하고 국내 경제 사정도 극히 어렵다. 이런 때에 천문학적 규모의 자원을 신수도 건설이라는 불요불급한 일에 쏟아 붓는다면 그것은 호사가의 놀음에 다를 바 없다.

둘째, 목표와 수단 간에 논리적 필연성이 없다. 천도가 '수도권 집중현상을 해결할 수 있는 가장 효과적인 수단'이라는 주장은 논리적 근거가 약하다. 수도권 집중현상이 문제 상황이고 천도가 극약 처방인 것은 확실하다. 그러나 그것이 유일하고도 바른 처방이라는 주장은 받아들이기 어렵다. 서울에서 고속전철로 30분 남짓한 거리에 신수도가 만들어지면 필연적으로 수도권의 외연적 팽창이 뒤따른다는 지적이 오히려 설득력 있다. 그러므로 수도권 집중을 성토하는 것으로 수도 이전이 정당화되는 것은 아니다. 더구나 검증되지 않은 논리에 입각한 극약처방은 그 자체로서 이미 잘못이다.

충청권에 신수도가 만들어진다고 광주권이나 영남권, 호남권, 강원권까지 더 발달하게 되어 마침내 전국이 균형발전을 이루리라는 것은 가히 억지에 가깝다. 가용자원이 신수도에 집중 투자될 것이고 그 다음부터는 서울과 수도권 두 곳이 합세해서 빨아낼 역류효과를 내게 될 것임을 고려하면 오히려 그 반대다.

집중의 근본 원인은 권력의 중앙 집중에 있다. 따라서 천도보다 더 확실하고 근본적인 처방은 권력 자체의 분산이다. 대통령의 선거공약 하나로 덜컥 수도를 옮겨야 한다는 사고가 바로 권력의 집중을 반영한다. 마찬가지로 수도를 옮기면 다 될 것이라고 믿는 그 생각 역시 바로 권력집중을 전제로 하는 경직된 사고이다. 대통령과 중앙정부의 권력과 조직을 키우면서 분산을 운위하는 것은 순서가 거꾸로 된 경우이다.

셋째, 국가 정체성을 훼손한다. 서울은 백제의 옛 도읍이자 조선조 500년의 수도였다. 아팠지만 식민지 시대에도 서울은 민족정신과 민족문화의 중심이었고, 따라서 광복 후에 통일된 한반도의 수도는 당연히 서울이었다. 서울은 바로 유구한 역사와 고유한 문화를 가진 민족국가의 정통성을 대표하고 상징하는 곳인 것이다. 그런 곳을 두고 벌판에 신도시를 지어 나라의 얼굴로 삼겠다는 것은 역사 앞에 두려움이 없는 행위이다. 구미의 외교사절이나 상인들, 관광객들이 와서 신도시의 죽죽 뻗은 가로와 국적 없는 번듯한 콘크리트 벽돌 건물들에 감동받을까? 아니면 천년

묵은 성곽과 고궁과 종묘와 사직 앞에서 고개 숙이고 일상이 이루어지는 골목길 돌담길을 걸으면서 정겨워 할까? 신도시 수도라니, 통일이 아닌 다른 어떤 명분으로도 정당화되기 어려운 체통 없는 발상이다. 그런 일은 신대륙과 같이 역사가 짧아 어차피 지키고 간직해서 내어 놓을 것이 없거나 신생독립국으로 수도 하나 갖다 놓기가 마땅찮은 나라들이 하는 궁여지책이다. 언제까지 우리는 과거를 젖혀놓고 천둥벌거숭이로 살아가려고 하는가?

넷째, 국가발전의 비전에 역행한다. 노무현 대통령의 천도론은 수도권의 기능을 약화시키는 데에 초점이 모아져 있고 또 실제로 천도계획이 착수되는 것만으로도 서울은 대내외적 위엄과 신뢰도 등 경쟁 요인을 저상 당하게 될 것이다. 천도 후에는 두말할 필요가 없다.

여러가지 문제에도 불구하고 거대도시는 세계시장의 경쟁에서 국가를 대표하는 선수로 나서고 있다. EU에서는 로마, 파리, 프랑크푸르트, 베를린, 런던 등 메가시티들이 통합유럽의 장래를 놓고 한 치의 양보도 없는 세계도시(world city) 경쟁을 벌이고 있다. 동북아도 다르지 않다. 한 세대 후의 이 지역 주도권은 동경권, 서울권, 북경권과 상해권의 경쟁에서 판가름 난다. 서울과 수도권이 세계도시 선점 경쟁에서 밀리면 정부가 내놓고 있는 동북아중심의 비전도 허구가 되고 만다. 천도가 국가발전의 비전을 높이지는 못할망정 그것을 떨어뜨리고 망가뜨려서야 되겠는가?

신수도의 충청권 입지는 국가의 지정학적 구도에도 어긋난다. 반도국가가 발전하기 위해서는 국토의 공간 구조에 있어서도 그 개방성과 역동성을 극대화하지 않으면 안 된다. 필자는 기본적으로 통일 이전에 천도를 하는 것에 반대하지만, 굳이 그렇게 한다고 한다면, 차라리 남해안의 항구도시들을 주목하고 싶다. 수도권의 집중력에 맞서서 대응축(counterpole)으로 작동하면서 반도성이라는 해양진출의 잠재력을 일깨워 낼 수 있을 것이기 때문이다. 지정학의 초보 개념만 가졌다면, 반도의 내륙, 그것도 남한만의 중심에 21세기의 신수도를 건설한다는 따위의 나이브한 발상을 하지는 않을 것이다.

다섯째, 분단 고착적이다. 노무현 대통령의 천도론이 갖는 최대 약점은 이 글의 서두에 언급한 통일과의 관련성에 있다. 통일을 포기하는 것 아니냐, 건설 중에 또는 그 후에라도 통일이 되면 어떻게 할 것이냐? 이런 질문들에 대해 노대통령과 집권세력은 적절한 대답이 준비되어 있는 것 같지 않다. 섣불리 얼버무리거나 궤변을 늘어놓았다가 앞뒤가 맞지 않을 경우 자칫 진보를 표방하는 집권세력에게 반통일이라는 치명적 딱지가 붙을 수도 있다. 공간조직의 논리로 볼 때 충청권 수도 이전구상은 누가 뭐라고 해도 달리 해석할 여지가 없이 분단고착적이다.

여기에는 두 가지 논리적 문제가 내포되어 있다. 우선 한반도를 통일되어야 할 하나의 땅으로 본다면, 분단 이전 한반도 전체의 수도 서울을 수도로 유지하는 것이 공간적 논리의 일관성을 지키는 길이다. 천도는 한반도의 일체성과 함께 서울이 통일된 한국의 수도로 회복되고 나서 논의할 수도 있다. 통일수도 입지에 대한 국회 질문에 고건 총리가 '서울'이라고 답한 것은 이런 관점에서 올바로 보고 있다고 해야 할 것이다. 그 전에 서울에서 수도 기능을 들어내는 것은 대한민국의 정치지리적 정통성에 문제를 일으키는 행위가 된다.

다음으로 남한만의 국토 중앙에 신수도를 건설하는 것은 남한만을 영토로 하는 공간 구조를 구축하겠다는 통치의지를 구체적으로 드러내는 것이다. 즉, 한 나라의 수도를 정하는 일이 아무리 적어도 수백 년 앞을 내다보는 것이라면 이번 충청권 천도론은 앞으로 수백 년 안에는 통일을

하지 않는 것을 전제로 국가의 물적 토대인 국토의 구조를 만들어 고착
시키자는 것이 된다.

5. 통일수도론, 전기(轉機)가 될 수 있다.

보도에 따르면 노무현대통령은 지난 2월 24일 방송기자클럽 초청회
견에서 통일수도 구상을 구체적으로 피력하였다. 그는 "통일수도가 판문
점이나 개성 일대 어디에 서울이나 평양보다 규모가 작고 상징적으로 국
가연합의 사무국, 의회 등이 만들어지고 대부분의 권한과 행정은 지방정
부에서 각기 해 갈 것."이라고 말했다고 한다.

이 말을 '대선 때 재미 본' 수도 논쟁을 확대 재생산하고자 다시 띄워
본 것 정도로 평가절하할 수도 있다. 충청도 사람들이 행정수도에 혹했다
면, 경기도 강원도 사람들이라고 '통일수도'에 흔들리지 말란 법 있는
가? 차제에 문화수도, 해양수도, 물류수도……. 이렇게 하나씩 이름 지어
지방 대도시마다 나누어 주면 굳이 싫다할 이유가 없지 않을까? 그런 얕
은 생각으로 치부할 수도 있다.

그러나 노무현 대통령의 이 발언은 그 시점과 내용에서 그 이상으로
주목할 만한 데가 있는 것 같다. 그것은 충청권 천도론이 통일과 연관해
서 논리적 결함을 내포하고 있다는 것을 대통령 자신이 인정한 것일 수
있다는 점이다. 그렇지 않고는 신행정수도건설지원특별법의 잉크가 채
마르기도 전에 또 다시 다른 수도 얘기를 이처럼 구체적으로 꺼낼 일이
없는 것이다. 지방마다 수도 둘 것처럼 하는 것도 결과적으로는 기왕의
신행정수도론에 대한 '물 타기' 효과가 있다. 왜냐 하면 대도시마다 수도

를 나누어 준다고 할 때의 수도란 실은 수도가 아니라 기능적으로 특화된 도시이기 때문이다. 그만한 것쯤이야 너나없이 충분히 알고 있는 터가 아닌가.

만일 후자 쪽이라면, 대통령이 자신의 충청권 천도론이 통일에 대한 고려를 배제함으로써 역사적 오류를 법할 위험성을 내포하고 있음을 감지하고 한 발을 빼는 것일 수 있다. 그렇다면 나라를 위해 다행이다. 이 대목에서 문제해결의 실마리가 찾아질 수 있을 것으로 보이기 때문이다.

6. 대안 논의를 위하여

천도를 분산정책의 수단으로 삼는 것은 하책이다. 지금은 그런 명분으로 천도를 추진할 때도 아니다. 아직 설마하면서 내색 않고 있지만 입법과 관계없이 수도권은 물론이고 비충청권 지방에서 동의를 유보하고 있다는 것을 잊지 말아야 할 것이다. 국론의 분열과 국부의 손실이 국가적 위기를 부르게 될 것이다. 그리고 무엇보다도 서울의 국제적 위신 실추는 세계로 하여금 오래 동안 대한민국 브랜드를 깔보게 할 것이다.

대통령 공약사항이라고 신성불가침의 영역으로 떠받들기만해서는 안 된다. 기왕에 국회까지 통과됐으니 지금 와서 회항할 수 없다고 우길 일도 아니다. 잘못이 발견되면, 지체 없이 바로잡아야 한다. 진정한 용기는 잘못을 깨끗이 시인하고 이해와 협조를 구하는 데에 있다.

그렇게 되면 논의의 차원과 강도가 바뀔 것이다. 벌여 놓은 일을 뒤처리하고 문제를 수습하기 위한 대안은 얼마든지 있을 수 있다. 충청권에는 기업도시든 첨단과학기술도시든 재개발도 할 수 있고 새로 시가지를 건설할 수도 있을 것이다. 충청남도의 경우에는 도청 입지와 연계시킬 수도 있을 것이다. 중앙정부의 분권과 서울의 분산 정책도 새로운 탄력을 받을 것이다. 프랑스식이든 스웨덴 식이든 공공기관을 분산이전하고 지방의 자생적 경쟁력을 강화하기 위한 정책들이 보다 절실하게 논의되고 실질적으로 추진될 수 있을 것이다.

노무현 대통령이 통일수도 애기는 잘 꺼냈다고 본다. 단, 거기에는 두 가지 전제 조건이 있다. 그 하나는 경기 강원 북부지역에서 또 한번 재미 좀 보려는 득표 차원의 책략이 아니어야 한다는 것이다. 다음으로 그와 논리적 모순관계에 있는 충청권 천도론을 먼저 거두어 들여야 한다는 것이다. 이로써 궁한 대로 설익은 천도론을 거두어 들일 최소한의 명분은 마련되었다.

처음부터 그렇게 될 일이었다. 신수도 만들어 하는 천도는 통일수도여야 한다. 통일수도 논의를 앞세워 국토의 일체성 회복을 위한 논의를 시작할 때다. 통일이 바로 이루어지지 않는다고 하더라도 통일을 내다본 국토구조를 만들어 가는 것은 그것이 가능하기만 하다면 통일비용을 줄이면서 지금의 삶의 질을 높이는 기회가 된다. 거기에 교류 협력을 증진하고 통일에 접근하는 또 하나의, 그리고 보다 구체적인 길이 있다. 그런 일이라면 남북한 공히 지금부터 시작해도 이르지 않다.

권력은 변하고, 정권은 오고 간다. 그러나 국가는 영원하고 수도는 남는다. 수도는 우리 삶의 터전을 상징하고 과거와 미래는 잇는 곳이다. 조상의 얼과 후손의 삶을 잇는 땅의 역사가 부디 바른 흐름을 찾기를 기대한다.

10_ 지배세력 변화를 위한 천도

김형국_ 서울대학교 교수

1. 행정수도 이전의 베일

2004년 1월 29일의 '지방화시대 선포식'에서 참여정부 수장이 행정수도에 대한 속내를 보다 구체적으로 밝혔다. "천도는 한 시대 지배세력의 변화를 의미하는 것"이며, "민주화, 남북평화 등은 전직 대통령이 다 해버려 그 정도론 역사책에 빛이 안날 것 같아 지방화만큼은 내가 간판을 붙이겠다."고 했다. 거대 국책사업에 대한 개인 야심 그리고 역사관을 말하고 있음이 특히 주목된다.

대통령에 취임하고 얼마 뒤 역시 대전에 간 자리에서 "충청도에서 재미 좀 봤다"라는 언급은 행정수도안이 대선전략용 임기응변책이었음을 솔직하게 털어놓는 과거 행적의 자평(自評)이었다면, 위의 두 시각은 관련 국정(國政)의 미래에 대한 시사다. 무엇보다 지배세력의 변화라는 뜻은 행정부이전만의 분도(分都)가 아니라 천도(遷都)라는 뜻이다. 행정부만 옮길 것인지, 중앙권력 3부 모두를 옮길 것인지, 그동안 애매했던 정체가 점차 베일을 벗고 있다.

지배세력의 변화를 염두에 둔 천도는 조선의 개국(開國)도 그렇지만, 반세기 전의 가까운 외국 사례에서도 나타난다. 파키스탄과 브라질의 경우인데, 구 수도를 청산해야 할 식민정치의 인적, 물적 잔재라 여겨 참신한 국풍(國風) 조성도 중요 목적으로 삼아 각각 새로 수도를 만들었다.

이런 시각이라면 국토분단 즈음의 북한이 처음 그들 헌법에 명시한 대로 서울을 조선민주주의인민공화국의 수도로, 아니 한반도의 정통수도라 우길 만도 했다. 북한과는 달리, 남한은 친일세력을 척결하지 못한 채 한동안 식민세력의 거점이던 서울을 장소적 관성에 따라 계속 수도로 삼았기 때문이다. 그만큼 한반도의 정통성 계승에서 명분이 약했다고 하겠다.

그러나 자유와 민주라는 문명사적 순리를 선택한 덕분에 오늘의 남한
은 국력에서 북한을 압도한다. 이런 대한민국이 있기까지 건국과정에서
북한보다 많은 나라 인구 그리고 수도 서울의 역사성 선점(先占)이 국가
정통성 쌓기에서 상대 우위를 안겨 주었음이 새삼 고마울 뿐이다.

2. 정치권력 위주의 지배세력 대 피지배세력의 2분법은 매우 위험하다

해방 직후는 이념갈등으로 남북한이 갈라졌는데, 참여정부가 편가르
는 신·구지배세력은 누구를 말함인가. 뜨고 지는 것이 있음을 변화라 한
다면 386 민주세력은 역사적 소명의 신진 사류(士類)인데 반해, 나라를
절대가난에서 벗어나기 위해 피와 땀을 흘렸던 경제개발 역군들은 모조
리 기득권층이고 그래서 타기 내지 개혁의 대상이 되고 말았다는 말인가.

성장제일주의가 우리 사회에 성취만큼이나 부작용을 낳았음은 아무
도 부인하지 못한다. 무엇보다 부귀(富貴)를 쌓는 일이라면 수단방법을
가리지 않은 도덕적 해이가 우리 사회에 만연한 것이다. 도덕성이 중시되
어 마땅한 데가 특히 교육계인데도 제주도 교육감 선거가 돈 잔치판이 되
었음이 기성세대의 타락상을 말해 주는 최근의 생생한 보도다. 그렇다고
386 민주세력의 행세(行勢)가 모두 도덕적인가. 다른 사람도 아닌 참여정
부 수장 측근들이 줄줄이 뇌물수수로 쇠고랑을 차고 있음이 작금의 상황
이다.

현실이 이러할진데 문제점이 있음에도 불구하고 나라 위정자는 세
대·계층·지역·이념 정향(定向)별로 허물이 많을지라도 그들의 이력별

특장(特長)을 북돋우어 상승(相乘)적 통합을 유도하는 것이 위정자의 본분이 아닌가. 그래야 이 나라가 민주화와 지속 성장의 양 날개로 계속 날 수 있을 것이다.

프로레타리아 혁명식 자본주의 개조론에 서 있다고는 믿고 싶지 않지만, 지배세력 변화에 대한 이번 언급은 지역이나 사회계층상의 주변부 반(反)엘리트를 '압제' 해 온 지배엘리트가 그들의 반발을 '중화(中和)' 하고 '흡수' 하는데 실패하면 마침내 주변부 반엘리트에 의해 '대체' 되고 만다는 계층갈등론을 염두에 둔 듯이 보인다. 이런 입장이라면 노사화합이니 진보 대 보수의 상생에 대한 그동안의 언급은 진심이 아니라는 인상을 준다.

계층갈등론이 한때 우리 현대사회의 전개를 설명하는데 유효한 이론일 수는 있었다. 이를테면 3공(共) 등장의 계기였던 5·16 군사혁명 전후 사정을 그런 거시이론을 빌려 설명할 수도 있기 때문이다. 서울과 주변 중부지방을 근거로 하는 정치권이 국가를 독선적으로 다스릴 뿐 백성들의 복리 향상에는 지극히 무력했던 반면, 무반(武班)을 하대하던 전래 사회인식의 연장선에서 6·25동란 때 몸을 바쳐 나라를 지켰음에도 거기에 합당한 대접을 받지 못했던 군부는 오히려 미군을 통해 현대적인 경영기법을 익히고 있었다. 그런 상황에서 동란 중에 진해로 피난온 육군사관학교에 가까이 경상도 출신 청년들이 대거 입학한 끝에 반엘리트로 자라났고 이 기반을 토대로 국가성장의 기치를 높이 들고는 기성 정치인들을 대체하고만 것이 바로 5·16혁명이었다는 해석이 가능한 것이다.

그러나 시대가 달라져서 우리 사회가 정치권력만을 단순, 유일가치로 여겨 경합과 쟁탈을 일삼는 그런 상황이 더는 아니다. 민간경제부문의 급성장으로 경제인이 그리고 정보시대의 도래로 문화인 또한 권력으로 치부될 정도로 우리의 중요 사회세력에 합세하고 있다. 따라서 정치권력 위주의 지배세력 대 피지배세력의 2분법은 우리 사회의 복잡다단한 역학을 설명하는데 진작 한계가 드러내고 말았다. 때문에 계층갈등론의 유효성을 말하는 자체가 바로 구시대적 작태라 할 것이다.

3. 서울 사수는 우리의 안보에 '절대 필수'이고 지방균형발전은 '선택'에 불과하다

참여정부 수장과 측근들은 특히 자주국방을 강조하는데서 알 수 있듯이, 민족공조적 지향을 점차 구체적으로 드러내고 있다. 심지어 반(反)역사성이 속속 알려지고 있는 북한 주사파에 동조하고 있다는 기미도 비치고 있다. 반역사성으로 말하자면 최근 미국 의회의 북한보고서에서 생생히 밝힌 인간성 파괴 작태에서 잘 드러난다. 이를테면 정치범 수용소 안에서 굶주린 나머지 굴러다니던 가죽끈을 삶아 먹는 '비행(非行)'을 저질렀다고 자동차에 매달아 끌어서 죽인 사람 시체를 강제 동원된 군중들로 하여금 만져 보게 했다. 인류상 도저히 할 수 없는 노릇이라 항의한 사람을 그 자리에서 총격으로 즉결처분한 것이 북한체제의 실상이다.

남북화해는 한민족의 인간존엄성 증대도 겨냥할 터인데 이에 대한 정부, 여당 쪽 태도는 미온적이다. 이를테면 '북한 민주화를 위한 정치범 수용소 해체운동본부'가 제안했던 인권개선 촉구결의안에 대해 여당인 열린우리당 소속 국회의원들이 반대하고 나섰던 것. 지난 1월 말 김수환 추기경이 오죽했으면 "민족공조를 강조한 나머지 어떤 것도 좋다는 식은 대단히 위험하다."는 직설을 날렸겠는가.

추기경이 누구인가. 지난 세기 말 공산주의 붕괴에 앞장섰던 현 교황처럼, 추기경은 특히 명동성당을 민주화운동의 보루로 내놓아 1980년대 중반에 마침내 6월 민주혁명의 결실을 거두게 한 산파역이었다는 점에서 386민주세력의 대부(代父)라 할 것이다.

민족공조파는 '우리의 소원은 통일'이라고 계속 노래해 온 통일지상주의자와 상통한다. 그런데 남한의 통일주의자는 천도에 대해 여태껏 말이 없다.

수도이전과 함께 우리가 염려하는 미군의 용산기지 이양을 자주의 실현이라고 참여정부가 좋아하는데, 이와는 반대로 북한은 노동당 기관지 「로동신문」(2004. 1월 23일자)을 통해 "용산 미군 기지 이전은 북침 전쟁을 위한 것으로, 미국이 조선반도에서 제2전쟁을 도발할 경우 우리의 타격권에서 벗어나 보려는 타산 밑에 이를 진행하고 있다."고 비난했다. 그럼에도 우리 통일주의자처럼 천도에 대한 언급이 없음은 수도 남행(南行)이 북침전쟁의 준비와는 무관하고 오히려 남북한 대치(對峙)국면의 지리적 고착이라 보아 반긴다는 뜻인가.

참여정부 수장이 국정수행에서 임기 이후의 역사적 평가를 염두에 두겠다는 언급은 원론적으로 국민들로부터 공감을 얻을 만하다. 문제는 사태의 기본인식과 그 대처가 국민들을 납득시키지 못하고 있다는 점이다. 우선 북핵문제가 날로 심각해지고 있음이 국제정치판도임을 안다면 남북평화가 정착되었다는 주장에 동조할 국민이 과연 얼마나 될 것인가.

그리고 수도권 비대를 지양하려는 지방화정책이 바람직하긴 해도, 이것은 단연코 나라 안보가 보장되는 여건 아래서 추진해야 할 종속변수에 불과하다. 사람의 삶의 질 향상도 건강이 있어야만 가능하듯이, 나라의 균형발전도 국가안보가 전제된 상황에서나 가능한 일이다.

1970년대 중반, 3공이 수립했던 임시 행정수도안은 안보를 제일의 명분으로 삼았던 전례는 남북대치가 계속되는 오늘의 상황에도 시사하는 바 많다. 청와대가 휴전선에서 지근 거리에 있기 때문에 유사시에 국군통수권자의 효율적 지휘가 공간적으로 크게 제한된다는 판단에 따라서였다.

그때 김대중 야당지도자는 휴전선에서 멀리 안전거리를 확보하려함은 군사적 고려일 뿐, 백성들의 호국의지를 더 무게 있게 감안한다면 대치 현장에 바싹 붙여 수도를 유지함이 옳다 했다. 실제로 독립 파키스탄이 수도를 카라치에서 인도와 영토분쟁중인 카슈미르 인근 이슬라마바드로 옮긴 것은 바로 영토수호 의지의 물리적 과시도 그 이유로 작용했다.

이번 행정수도발상에서 핵구름이 짙게 드리워진 급박한 한반도 정세에 대한 고려가 일체 없음은 유감이다. 현대도시이론에 따르면 국가운명은 대도시가 변수라 했다. 대도시 가운데 특히 수도는 나라를 결딴내는 인질이 될 염려가 있다는 말이다.

'도시인질설'의 소론대로 북한이 아직 버리지 않은 무력적화통일전략의 주 공격대상은 단연 서울이다. 북한 군부가 서울 등 우리 대도시의 시가지를 모형으로 만들어 군사훈련을 쌓고 있다는 군사적 관측은 진작 도시이론에서도 유념했던 바다. 때문에 우리 국체를 지키자면 서울을 북한의 인질이 되는 상황을 막는 방패로 삼아야 마땅하다. 주한미군 주력이 서울 북방에 자리잡은 것도 대한민국 안보를 위해서는 서울 사수가 절대적이란 판단에 근거했다. 그런데 이 미군마저 전시대적인 자주국방을 강조하는 참여정부의 퇴행적 대처로 몇 년 뒤면 한강 훨씬 남쪽인 평택 쪽으로 이전하기로 결정나고 말았다.

아무튼 서울 사수가 남한 안보에는 '절대 필수'이고, 반면 어느 나라

할 것 없이 불균형 속에서 국가경제성장이 이루어진다는 점에서 지방화 정책이 노리는 균형발전은 '선택'에 불과하다. 균형발전이란 정책목표가 선택사항임은 참여정부의 행정부 충청권 이전 발표가 있고 난 직후에 정부방침의 정당화작업을 지원하자고 관련 학회가 주최한 국제세미나에서 나온 세계적 지역학자의 단언이기도 했다. 균형발전을 위해 수도를 옮긴다는 발상은 한마디로 넌센스라 일소에 붙였던 것이다.

천도를 논의하자면 누구보다 전국 인구 절반인 수도권 사람들이 안보상황을 굳게 믿을 수 있어야 한다. 서울을 사수한다고 철석같이 약속해 놓고는 대통령은 이미 떠났고 이어 한강다리를 폭파시켰던 6·25 때의 아픈 체험이 아직도 생생한 판국에 정부가 믿음을 주려는 대책은 각별해야 한다. "적이 공격하지 않을 것이라는 막연한 추측에 기대지 않고, 적이 공격할 수 없게끔 해 놓은 것을 믿도록" 해야 한다는 손자병법(孫子兵法)의 지혜는 지금 우리를 두고 하는 말이지 싶다.

4. 국민적 합의와 외국의 교훈

지방화시대 선포식에서 "지방화만큼은 내가 간판을 붙이겠다"는 참여정부 수장의 포부도 석연치 않은 대목이 적잖다. 지방화 내지 균형발전이 바람직하긴 해도 그게 하필 천도에 의해 이루어질 일이라는 발상법을 납득하기 어렵다. 이를테면 수도가 다른 곳으로 옮겨갔다 해도 분권을 하지 않고는 중앙집권이 달라질 리 없고, 분권을 제대로 실현한다면 천도 없이도 소기의 목적을 달성할 수 있지 않은가.

천도는 거대한 물리적 덩어리 만들기인데 이는 치적을 결국 물증(物

證)으로 남기겠다는 속셈이다. 물리적 덩어리 만들기는 실속보다는 전시
위주의 함정에 빠지기 쉽다. 경부고속도로를 만들면서 3공 절대권력자의
취향을 눈속임하려고 계절적으로 잔디를 심을 수 없던 주변을 푸른 페인
트로 칠하기까지 했다.

국민들 사이의 숙의와 합의도 없이 서둘고 있는 천도는 겉치레에 치중
할 염려가 있고 그렇게 되면 브라질리아 꼴이 되고도 남을 것이다. 나라
의 새 기상을 활짝 편다며 도시구조를 젯트기를 닮게 해서 대통령궁은 조
종석에 배치하는 식의 어린이 장난감 같은 도시가 그렇게 해서 태어났다.

인공일 수밖에 없는 것이 도시 체질이지만 그럼에도 거기에 생명력을
불어넣는다며 유기체를 닮게 하려고 애쓰는 것이 사계의 지혜인데도 기
계를 닮게 만들었으니 후유증은 당초에 잉태되었던 것. 무미건조한 관청
거리가 중심에 자리잡고 건설공사에 참여했던 노동자들이 주저앉아 몰려
사는 빈민가가 도시외곽을 감싸는, 그리하여 빈부층이 공간적으로 뚜렷
이 양분(兩分)되는 전형적인 '이중(dual)도시'가 브라질의 신수도다.

안보의 염려가 없었던 브라질인데도 수도이전 공사비로 엄청난 인플
레라는 복병을 만났다. 장장 200년 이상의 긴 세월 속에서 국민적 합의를
일군 끝에 마침내 수도이전을 결행(決行)한 대통령이 퇴임 후에도 차질없
이 공사가 진행될 수 있도록 건설예산의 자동 상계(上計)를 헌법조항에 삽
입했기 때문에 생겨난 부작용이었다. 극심한 인플레로 말미암아 드디어
쿠데타가 발생했고 연이은 군사독재로 20년이나 백성들이 고통을 겪었
다.

수도이전은 이렇게 어려운 역사(役事)인 것. 다만 브라질에서 우리가
얻을 수 있는 교훈이 있다면 수도이전을 제대로 하자면 우리도 헌법 개정
에 준하는 국민적 합의절차를 거쳐야 한다는 점이다. 적어도 국민 삼분의

이가 지지하는 천도라야 순리라는 말이다.

정상국가(normal state)에서 민주적 합의를 거쳤다해도 초대형 사업이 순항한다는 보장이 없다. 이 점을 착안해서 국토개발 관련 이론에서는 대형사업의 성공조건으로 대대적인 초기투자를 권고하곤 한다. 초기의 대대적 투자는 사업을 되돌릴 수 없는 상황으로 굳힐 수 있기 때문이다.

그런데 이런 상황 전개마저 해당 사업이 국민들의 압도적 지지가 있었음을 전제한다. 이를테면 갓 독립한 이스라엘이 적대 아랍 접경의 사막지역에 대대적으로 신도시를 건설할 수 있었던 것은 신도시야말로 정주처 마련은 물론이고 나라를 지킬 수 있는 전략촌으로도 필수적임을 국민들이 절대 공감했기에 주저 없이 사막 땅으로 옮겨갔기 때문이다. 이에 견주면 우리의 천도 논의는 '균형개발용'에서 '지배세력의 변화용'으로 말 바꾸기가 계속되는 지경에서 초대형사업의 성공적 추진을 위한 국력 결집이 제대로 이루어질 수 없다.

치적을 물리적으로 남기려 함은 독재자의 기본 속성이라 했다. 이 점에서도 천도가 거부감을 안겨 준다. 고속전철처럼 국민적 공감대가 넓은 경우와는 달리, 천도는 논란의 여지가 많은 초대형 국책사업이기에 동서고금으로 절대권력자들에 의해 추진되곤 했다. 이 말이 틀림없음은 3공의 개발독재가 이 땅에서 절대부족했던 사회간접자본을 성공리에 대대적으로 조성할 수 있었음에서 확인된다. 20세기 백 년을 마감하는 회고에서 외지(外紙)는 박대통령을 두고 경부고속도로, 수많은 댐, 포항제철 같은 물리적 외형이 바로 그의 기념비라 말했다.

그런데 참여정부는 아직 권력을 제대로 장악하지 못한 정부인데도 어찌 관련법이 통과되었을까. 언뜻 보아도 참여정부의 승리가 아니라 거대 야당의 무원칙 안일 탓이었다. 대선 때 정략적으로 발의된 천도는 대선

패배 후유증에서 헤어나지 못한 거대야당이 당초 반대했던 사안이다. 그
럼에도 불구하고 다가올 총선 대비책이라며 24개 국회의석의 충청도 지
역이익에 발목이 잡혀 국기(國基)에 관한 일을 국회 나름의 국론 수렴 공
청회도 한번 갖지 않고 관련 법안을 통과시키는 파행을 자행했다. 결국
더 깊이 살펴보면 여야 할 것 없이 '예측할 수 없는' 실체란 점만 부각시
켜 정치권 전체에 대한 국민의 불신만 키웠으니 참여정부로서도 딱히 좋
아만 할 일만도 아니지 싶다. 오죽했으면 정제된 말 쓰기가 직업인 사람
이 소설가인데도 원로 작가 박경리는 최근 우리 국회의원을 두고 조폭 집
단원 같다고 말했을까.

절대 약세의 여당을 거느리고도 문제의 법안을 통과시킬 수 있었으니
이제 참여정부 수장이 오히려 절대권력자처럼 행세하려는 몸짓이 탄력을
받을지 모른다. 개국을 도왔던 공신 수만 명을, 집권을 하고 나자 미리 멀
리 몸을 숨긴 한 사람만 빼고, 다 죽인 명(明) 태조처럼 사냥이 끝나면 사
냥개를 죽일 셈인지 대통령으로 발신(發身)할 수 있었던 정치터전 민주당
을 내팽개쳤다. 정치적 신의는 소의(小義)이고 나라개혁의 실현은 대의(大
義)라 여겼기 때문인지 몰라도, 자못 전제왕조시대의 제왕처럼 "부끄러워
할 것이 없다(無恥)"라는 전시대적 인상마저 풍긴다. 이 지경이라면 어떻
게 민주시대를 살아갈 "분수를 알고 부끄러움을 안다"는 염치(廉恥)의 덕
목을 무겁게 여기도록 국민을 교화(敎化)할 수 있을 것인가.

천도는 앞으로 어떻게 전개될 것인가. 지역수준에서 당장 예상되는
바는 충청권의 향배다. 입지예정지역 주변으로 12년 동안 개발을 제한한
다는 조치는 이전예정이라고 잔뜩 기대에 부풀던 토지소유자에게 당장
실망성 불편을 안겨 줄 것이다. 이어서 올해 안에 입지를 정하고 나면 충
청권의 나머지 시군들이 강하게 반발하면서 지역내 장소 간 배타주의가

기승을 부릴 것이다.

공약성 국책사업은 정권의 향배와 직접으로 연관되어 있다. 이번 4월 총선에서 여당이 과반수 의석을 확보하지 못 하거나 또는 총선이후 정당 간 연대로 과반수 이상에 이르지 못하면 참여정부는 더욱 레임덕 현상에 빠질 것이다. 무엇보다 재신임을 자청했음이 발목을 잡을 것이다.

과반수 의석을 확보한 경우에도 북핵문제를 둘러싼 국제정세가 현 정부의 행동반경을 제약할 것으로 보인다. 그리고 국민적 합의를 제대로 거치지 않았음이 두고두고 걸림돌로 남을 터이고, 이것저것 따지지 않고 사업을 되돌이킬 수 없도록 초기에 대대적 투자를 저돌적으로 감행하기에도 참여정부의 임기는 너무 짧기만 하다.

11_ 신행정수도, 국민복지 그리고 주택시장

임길진_ 미국 미시간주립대학교 석좌교수, 개발연구협의체 회장

1. 머리에

신행정수도 건설과 주택시장에 관한 국제 심포지움(International Symposium on the Construction of New Administrative Capital and Housing Market)에 참가해 주신 여러분을 환영합니다. 그리고 이 모임을 조직해 주신 한국주택학회 조주현 회장과 충북대학교의 전민우 소장과 이만형 교수께 감사드립니다. 덧붙여 함께 참가하는 충북개발연구원의 이태일 원장께도 치하의 말씀을 드립니다. 저는 한국주택학회 회원으로써 그리고 이 모임에 협찬하는 개발연구협의체 (Consortium on Development Studies: CODS) 회장으로써 기조연설을 하게 된 것을 기쁘게 생각합니다.

노무현씨가 대통령에 출마하여 선거공약으로 신행정수도 건설을 내세웠고, 인수위원회가 이를 신정권의 주요사업으로 거론하였습니다. 이 사업에 대한 구체적인 분석이나 계획은 아직 없으나, 학술단체 등이 몇 번의 회의를 개최한 바 있습니다. 이러한 학술회의에서 제시된 접근법은 그 내용을 살펴보면 대체로 네 가지로 나누어 집니다.

1. 신행정수도건설을 기정 사실화하고 그 방향을 탐색
2. 신행정수도건설을 찬성하는 논리의 제공
3. 신행정수도건설을 반대하는 논리의 제공
4. 신행정수도건설의 혜택과 문제점을 제시하고 그에 관한 상세한 연구를 먼저 할 것을 제안

신행정수도건설과 같은 거대한 장기적 국가사업은 국민복지에 크나

큰 영향을 끼칠 것이 확실합니다. 그리고 주택은 여러 가지 특성을 지니고 있기 때문에 사유재임에도 불구하고 정부의 시장개입이 정당화됩니다. 따라서, 신행정수도건설에 관한 네가지 접근법 중 '신행정수도건설을 기정 사실화하고 그 방향을 탐색' 하는 것은 국가경영이나, 계획이론상 그 적합성이 적고 위험요소가 큰 것입니다.

오늘 이 국제학술회의가 광범한 개념과 구체적인 정책적 문제를 개인적 또는 지역적 이해관계나, 가치관적 제한 없이 토론하여 국민복지향상에 보탬이 되기를 바랍니다.

제 발표의 주된 목적은 '신행정수도, 국민복지 그리고 주택시장' 에 관한 개념적 틀 과 규범적 방향을 제시하는 데 있습니다. 저는 먼저 국민복지라는 개념을 간단히 정의하고, 도시형성과 발전의 논리를 살펴본 후, 주택의 특징과 주택시장을 설명해 보고자 합니다. 그리고 이러한 개념적 틀을 바탕으로 신행정수도건설이 지닌 문제점을 종합적으로 살펴보고 규범적 정책방향을 제안하겠습니다.

2. 국민복지의 개념

국민복지(Well-being of people)라 함은 큰 개념으로 보면,

1. 경제적 소득증가 (Increase in income)

2. 생활의 질 향상 (Improvement in quality of life)

3. 소득의 공평한 분배 (Fair distribution of income)

4. 재화의 공급 (Provision of goods and services)을 기준으로 측정

하고 평가합니다.

이러한 국민복지를 증진시키기 위해 정부는 여러 가지 정책을 집행하게 되는데, 위계적으로는 중앙정부와 지방정부가 서로 다른 역할을 분담하게 됩니다. 일반적으로 중앙정부는 전반적인 경제성장과 소득분배에 대한 책임이 있고, 재화의 공급은 지방정부가 담당하는 것이 더 효율적이라는 견해가 있습니다.

일반적으로 국가가 주도하는 사업이든 또는 민간이 시행하는 사업이든 간에 큰 재정적 투자를 요구하는 사업은 다음과 같은 사항을 기준(Evaluation criteria)으로 평가하고 분석해야 할 것입니다.

1. 국가적 혜택과 손실(Benefits and costs to the nation)
2. 국가적 소득증대(National Income : Total and Per Capita)
3. 국민의 삶의 질 (Quality of Life)
4. 계층적 소득 분배 (Income Distribution by Social Strata)
5. 지역적 소득 분배 (Income Distribution by Regions)
6. 재화의 공급 (Provision of Goods and Services)

신행정수도건설이 국민복지에 끼치는 영향도 위의 사항들을 사용하여 평가할 수 있습니다.

3. 도시형성과 발전의 논리

인류의 역사를 통하여 도시는 대단히 중요한 역할을 담당해 왔습니다. 가장 중요한 도시의 역할은 부를 생산하고 축적하는 것입니다. 도시는 물질을 생산하고 공급하여 우리의 삶을 윤택하게 해 왔습니다. 도시는 문화와 예술을 창조하여 우리의 삶을 고귀하게 해 주었습니다. 도시는 역동적인 인간관계를 만들게 합니다. 도시는 새로운 사상과 변혁의 터전입니다.

도시가 형성되고 한 국가나 사회가 도시화(Urbanization)하는 이유는

1. 규모의 경제 (Economy of Scale)와
2. 집적의 경제 (Economy of Agglomeration)입니다.

그런데 도시발전의 역사를 살펴보면 도시가 시작되고 발전한 곳은 대부분 다른 지역이 소유하지 못한 독특한 이점을 지녔습니다. 경쟁력이 강한 도시는 대개 좋은 항구나 하천에 뿌리 잡았고 때로는 풍부한 천연자원이나 좋은 기후의 덕을 보기도 했습니다. 뉴욕, 로스 안젤리스, 부산, 인천은 항구도시입니다. 서울은 한강을, 워싱톤은 포토맥강을, 런던은 테임즈강을, 모스크바는 모스크바강에 입지하였습니다. 산 프란시스코는 항구라는 입지와 좋은 기후를 지니고 금광의 이점도 있었습니다. 이러한 입지조건이 비교우위 (Comparative Advantages)인데 그 자체는 도시화의 이유가 아니지만, 도시화의 바탕을 주는 것입니다. 우리 나라의 경우는 풍수지리설에 근거하여 취락의 위치를 잡기도 하였고, 『택리지』의 「복거총론」은 하나의 입지이론이라고 볼 수 있습니다.

도시가 형성되면 도시는 자연증가와 인구이동으로 성장 또는 축소하
게 되는데 인구가 이동하는 이유는 다음과 같은 모형으로 설명됩니다.

1. 경제적 모형(Economic migration model) : 인구는 소득이 낮은
   곳에서 높은 곳으로 이동한다. 인구이동의 양은 두 지점 사이의 거
   리에 반비례하고 인구규모에 비례한다.

2. 환경적 모형(Environmental preference migration model) : 인구
   는 환경의 질이 낮은 곳에서 높은 곳으로 이동한다. 환경의 질은
   천연조건 (기후, 경치 등), 문화 (역사, 예술 등), 주민구성 등의 함수
   이다.

3. 정책적 모형(Policy relevant migration model) : 인구는 공공재화
   의 질이 낮은 곳에서 높은 곳으로 이동한다. 공공재화는 교통, 위
   락, 교육, 공공서비스 등을 포함한다. 특히 지역 내의 인구이동을
   설명할 때, 이 모형은 '발로써 투표' (Voting with feet)하는 모형
   이라고 부르기도 한다.

이러한 모형을 종합하면 인구이동은 경제적 변수, 환경변수, 정책변수
의 함수로 표시되고, 이러한 모형으로 도시화를 설명하고 미래의 도시인
구를 예측합니다. 이러한 모형은 인간의 행태를 근거로 설립되고 계산되
어야 합니다. 단순한 추세곡선 연장법이나 계획인구의 임의적인 설정으
로 미래의 도시인구를 계산하는 것은 막대한 경제적 손실을 초래하게 됩
니다. 과거의 우리 나라 계획은 추세곡선 연장법이나 계획인구의 임의적
인 설정에 의존한 예가 많았고 그 결과 착오와 비효율을 가져왔습니다.
도시화가 일반적으로 개인의 소득을 증가시키고 국가의 부를 축적하

는 것이 역사적으로 증명되었습니다. 그럼에도 불구하고, 도시는, 특히 산업혁명 이후의 도시는, 공해, 과밀, 일탈행위, 소외, 시설부족 등으로 고통을 받아 왔습니다. 엥겔스는 도시화, 산업화 초기에 도시노동자가 비참하게 생활하는 모습을 적나라하게 그렸습니다. 그러한 관찰이 맑시슴을 태동시켰습니다. 우리 나라는 1960년대 이후 빠른 속도의 도시화와 산업화를 통하여 경제적 성장을 이룩하고, 부를 축적했지만, 저소득층의 고통이 뒤따랐고, 대도시의 혼잡과 과밀을 경험하였습니다.

도시와 인간은 애증의 관계 속에서 살고 있습니다. 도시에 대한 불만족을 계속 터트리면서도 사람들은 도시로 끈임없이 몰려 오고 있습니다. 이런 사회현상이 문학과 대중예술에서 작품으로 등장하였습니다. 이호철 씨가 『서울은 만원이다』라는 소설을 쓴 때가 1966년, 서울은 겨우 370만 명이었습니다. 1980년 출시된 이장호 감독의 영화 「바람불어 좋은 날」은 시골에서 올라와, 중국집, 이발소, 여관에서 일하는 세 젊은이들이 겪는 애환을 통해 인구이동의 현실을 보여 주었습니다.

그러면 무엇이 적정 도시인구인가요? 몇 가지 견해가 있습니다. 도시 전체가 가진 규모의 경제개념만을 적용하면 도시규모의 평균비용이 가장 작은 지점이 적정인구가 됩니다. 그러나, 다른 한편 한계분석개념을 적용한다면, 도시의 한계혜택이 한계비용과 일치하는 점에서 도시의 적정인구가 결정되는 것입니다. 이 때의 적정인구는 일반적으로 평균비용이 가장 작은 적정인구보다 큽니다. 그런데 이러한 한계분석개념에 의한 적정지점에는 사회비용이 존재한다는 것입니다. 여기서 사회비용이라 함은 공해, 혼잡이 유발하는 것입니다. 사회비용에서 사회편익을 뺀 순사회비용이 과다할 때 도시규모를 통제하는 것이 정당화 될 수 있습니다. 그러나 순사회비용이 도시규모를 통제해야 할 정도로 크다는 경험적 증거는 뚜렷하지 않습니다.

혼잡과 과밀이 전혀 없는 도시를 만든다는 것은 인간의 힘으로는 불가능합니다. 토마스 모아가 『유토피아』라는 책에서 인간의 이상향을 그렸습니다. ‘Utopia’ 란 말을 어원적으로 분석하면, ‘존재할 수 없는 좋은 곳’ 이란 뜻입니다.

이러한 분석의 결론을 분명히 하고 그 정책적 의미를 구체화해야 합니다. 그렇게 해야만, 정부가 국민에게 이룰 수 없는 환상을 주는 것을 방지하고, 귀중한 국가 자원의 낭비를 줄일 수 있습니다.

첫째, 민주주의, 시장경제를 신봉하고, 개인의 거주이전의 자유를 보장하는 사회에서 혼잡과 과밀이 전혀 없는 도시를 만들 수는 없다는 사실을 인정해야 합니다.

둘째, 도시의 효율성을 높이기 위한 내부관리 체제를 정립하는 것이 중요합니다. 정책결정자들이 흔히 저질러 온 과오는 바로 비효율적인 내부관리체제를 그대로 둔 채 도시의 규모를 통제하여 도시문제를 해결하려고 해 온 결과 국가적인 비용은 증대하고, 도시의 혼잡은 계속되었습니다.

4. 주택의 특징과 주택시장

주택은 여러 가지 특성을 지니고 있기 때문에 사유재임에도 불구하고 정부의 시장개입이 정당화되고, 정부가 주택수요를 진작하고, 공급을 촉진하는 정책에 관여하게 됩니다.

인간이 삶을 유지하는데 필요한 많은 재화와 용역 중에서, 주택은 가장 많은 특징을 가졌습니다. 이러한 특징은 주택정책을 결정하는데 많은 영향을 끼칩니다. 그 특징은 다음과 같이 요약될 수 있습니다.

1. 내구성 : 주택은 모든 소비재 중에서 내구성이 가장 긴 재화이다.

2. 가계지출의 가장 큰 부분 : 가계생활에서 지출되는 비용 중 단일 품목으로는 가장 액수가 많다. 그러므로 주택에 관한 결정은 가정의 가장 중요한 결정이 된다.

3. 국가경제와의 밀접한 연관성 : 국가수입의 상당량이 주택에 투자된다. 주택부문과 국가경제는 서로 깊은 영향을 미치고 있다.

4. 위치의 고정성 : 주택은 고정적이다. 심지어 이동주택이라 해도 주된 거주지로 옮겨온 후에는 별로 움직이지 않는다.

5. 주택시장에서의 높은 거래 비용 : 일반 재화, 용역과는 달리, 주택은 매입, 매각에 따르는 거래 비용이 비싸다.

6. 주택시장에서의 정부개입 : 주택시장에서 정부는 주택생산과 소비에 관한 여러 가지 규제와 정책 그리고 직접 사업으로 개입하고 있다.

7. 가장 중요한 사회조직을 위한 삶의 장소 : 인간은 자신의 주택에서 생활을 한다. 그러므로 주택은 인간의 복지뿐만 아니라 생산성과 관련된 인간의 삶에 영향을 끼친다.

　　주택시장의 가장 중요한 특성은 시장이 분리되어 있다는 것입니다. 이것은 주택의 내구성, 가계지출의 큰 부분, 고정성 등에 연유합니다. 주택시장은 다음과 같은 시장분리(Market fragmentation) 상황을 보여 줍니다.

1. 공간적 시장분리(Spatial fragmentation)

2. 계층적 시장분리(Social class fragmentation)

3. 인종적 시장분리(Ethnic and racial fragmentation)

4. 문화적 시장분리(Cultural fragmentation)

일반적으로 신도시건설이나 신행정수도건설이 주택시장에 끼치는 영향을 분석하려면 인구이동이 주택시장을 형성한다는 것을 먼저 고려해야 합니다. 그리고 주택시장의 분리현상을 고려하면 다음과 같은 사실을 인식하게 됩니다. 주택시장에 전국시장이란 없습니다. 주택시장은 근본적으로 지방화되어 있습니다. 가구나 개인은 전국적인 주택시장을 살펴보고 살 곳을 선택하는 것이 아니라 먼저 직장을 선택한 후 그 지역에서 주택을 찾게 됩니다.

도시나 지역의 인구가 결정되면 이 인구가 창출하는 주택수요가 주택시장을 형성하는 근본이 됩니다. 원활한 주택공급은 인구유입의 한 독립변수적 요인이 될 수 있으나, 도시 규모의 결정적 요인이 될 수 없고, 인구정책의 정책변수로 사용하는 것은 현명하지 않습니다. 과거에 지방주택이 과잉공급된 이유는 바로 이러한 인구이동과 주택시장에 관한 사실을 무시했기 때문입니다.

주택은 국가경제와 밀접히 연관되어 있기 때문에 대규모 주택사업은 국가 경제운용에 중요한 역할을 하게 됩니다. 대규모 주택사업을 수반하게 되는 신행정수도건설은 국가적 차원에서 주택투자와 경제성장에 관한 이론과 주택주기이론을 이용하여 연구해 볼 필요가 있습니다.

5. 신행정수도건설의 문제점과 규범적 제안

도시화의 문제점들이 부각되면서 우리 나라를 비롯하여 많은 나라들이 도시인구 분산 및 억제, 국토의 균형개발을 시도해 왔습니다. 신행정수도건설이라는 정책도 이러한 넓은 배경 속에서 이해되고, 분석되어야 할 것입니다.

먼저 정부가 제안한 충청권에 신행정수도를 건설한다는 구상이 지닌 문제점을 지적하고자 합니다.

첫째, 앞에서 살펴본 도시화와 인구이동의 이론에 비추어 볼 때, 호남지방에 특별한 발전정책을 시행하지 않는 한, 호남지방의 인구유출이 증가할 것이 예상됩니다.

둘째, 서울과 충청권 사이에 새로운 개발이 촉발되어 서울의 공간적 광역화가 예상됩니다. 이것은 이 지역이 서울과 신행정수도 두 곳에 동시에 접근할 수 있는 최적지가 되기 때문입니다. 결국 국토의 새로운 불균형이 초래될 수 있습니다.

셋째, 국가재정이 골고루 분산되지 않고 신행정수도에 집중되면, 다른 지방도시들이 계속 낙후할 수 있습니다. 그 결과 신행정수도가 건설되면 우리 나라에는 두 개의 엘리뜨 도시를 갖게될 것이 우려됩니다.

넷째, 이중 주택소유와 장거리 출퇴근의 문제가 있습니다. 지금까지 몇 개의 중앙관청이 지방으로 이전되었으나 소속 관료들이 전 가족을 데리고 전부 이사하지 않았습니다. 이러한 현상이 계속되면 많은 관료들은 서울과 신행정수도에 이중으로 주택을 소유하거나 장거리 출퇴근을 할 가능성이 큽니다.

다섯째, 신행정수도가 건설되면 기본적으로 그 곳에 거주할 관료와 부속인구를 위한 주택을 건설해야 합니다. 관료들은 그 소득수준으로 보아 시장경제를 통해 정부의 보조 없이 주택을 마련할 수 있을 것이나, 숙박업, 요식업, 기타 서비스업에 종사하는 저소득층 인구의 대부분은 최저주거기준에 맞는 주택을 시장을 통해 마련하기 어려울 것입니다.

여섯째, 행정부 이외의 여러 가지 활동들을 어떻게 경제적, 정치적, 문화적 손실 없이 존속시키거나 또는 재배치할 것인가 하는 문제가 있습니다. 세계각국 대사관, 한국민간회사 본부. 국제기업 본부 등의 위치결정이 주목됩니다. 이들의 움직임이 주택 및 토지수요를 변화시킬 것입니다.

일곱째, 대규모 – 특히 정치적 목적을 지닌 – 사업이 가진 비효율성이 문제입니다. 최근 영구히 폐기하게 된 초음속 콩코드는 원래 추정비용의 12배가 들었습니다. 시드니 오페라하우스는 비용 초과가 15배, 영국 도서관은 15년이 공기가 지연되고 있습니다. 스코틀랜드가 짓고 있는 새 국회의사당은 그 비용이 원래 4천만 파운드에서 4억 파운드로 늘어났습니다. 수에즈운하가 원래 비용의 20배가 들었다는 것은 잘 알려진 사실입니다. 이러한 거대 프로젝트(Megaprojects)는 국민의 세금을 몇몇 정치가나 저명인사를 위해 낭비하게 되고 국민복지기준으로 볼 때 분명한 실패작이라고 할 수밖에 없습니다.

여덟째, 통일 후 동북아 중심지의 수도로 과연 충청권이 적합한가를 질문하게 됩니다. 지금 우리 나라는 새로운 동북아 시대의 선구자적 리더가 될 것을 공언하고 있는데 중심지이론이나 지리정치학적으로 살펴볼 때 과연 충청권이 최적지인가를 검토해야 할 것입니다. 이와 관련하여 이미 남영우 교수가 지적한 바와 같이 북한 구헌법 제 103조가 "조선민주주의 인민공화국 수도를 서울에 둔다."는 것을 참조할 필요가 있습니다.

그리고 현 헌법은 평양을 수도로 명시하고 있습니다.

아홉째, 한반도 위성사진를 살펴보십시오. 밝은 곳이 에너지소비, 즉 인간의 활동량이 많은 곳입니다. 남한과 북한의 불균형이 얼마나 심각한지를 보여 줍니다. 신행정수도뿐 아니라, 우리 나리의 균형있는 발전을 위해서는 한반도 전체를 대상으로 국토를 계획해야 합니다. 남한의 땅만을 보고 국로균형발전을 설계하는 것은 대단히 협소하고 근시안적인 방법입니다.

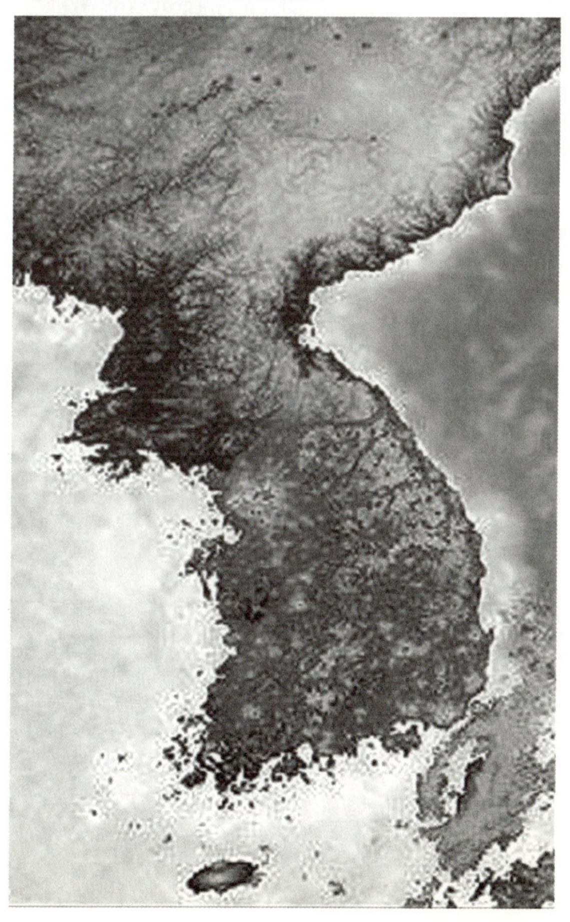

〈한반도의 위성사진 지도〉

이제 끝으로 규범적인 관점에서 다음 몇 가지를 제안해 봅니다.

첫째, 신행정수도건설과 같은 대규모 국가적인 사업은 합리적이고 전략적인 공공정책 수립 과정을 통하여 이루어져야 합니다. 무엇보다도 국민의 뜻이 정책수립과정의 시작부터 끝까지 골고루 반영되어야 할 것입니다. 과거에 우리 나라에서 정책을 수립하고 집행하는 것을 관찰해 보면 일반 국민의 뜻보다는 특정한 이해관계집단의 영향이 더 크게 작용해 온 것을 부정할 수 없습니다. 따라서, 국가적인 사업이 서민에게는 불리한 결과를 가져오고 특정집단에게는 혜택을 가져오는 경우가 빈번했습니다. 이번 기회에 국가공공정책수립과정에 대한 반추의 기회를 가질 수 있기를 바랍니다.

둘째, 이러한 대규모 사업이 국민복지에 끼치는 영향을 철저히 분석하여야 합니다. 우리가 소규모의 건설사업을 하는 경우에도 비용혜택분석과 환경영향평가를 실시하는 것이 상식입니다. 따라서 신행정수도를 건설하려면 이 사업이 국가 전체적으로 가져오는 비용과 혜택을 정확히 분석하고 그 영향을 철저히 평가할 필요가 있습니다. 특히, 계층적으로 볼 때 고소득층, 중산층, 저소득층 중에서 누가 어떠한 혜택을 받고 누가 어떠한 손해를 볼 것인가를 파악해야 합니다. 그리고 이러한 사업의 결과 어떠한 환경, 사회, 인구, 문화적 영향이 생겨날 것인가를 충분히 검토해야 할 것입니다.

셋째, 지역균형발전에 대한 좀 더 정확한 정의가 필요합니다. 흔히, 많은 정책결정가들이 인구의 분포를 기준으로 지역균형을 정의하는 경향이 있습니다. 지금 우리 나라는 수도권과 여타 지역 사이에 경제적 불균형이 심각할 뿐만 아니라 정치적 불균형, 문화적인 격차, 사회적인 불평등이 극심합니다. 따라서 진정한 의미의 지역균형은 경제적 정의, 정치적 균형, 문화적 균형, 사회적 평등과 같은 개념을 기준으로 정의되고 추진될 때 좀 더 조화 있는 국가를 이룩할 수 있는 것입니다.

넷째, 장기적으로 온 국민의 염원인 통일을 달성해야 한다는 것을 생각할 때 신행정수도의 위치, 기능, 그리고 규모는 통일을 전제로 결정되어야 할 것입니다. 덧붙여 우리가 동북아의 중심으로 활약한다는 비전을 잊지 말아야 합니다. 통일 이전의 남한만의 상태를 기초로 신행정수도를 건설한다면 우리는 통일 이후 또다시 수도의 위치, 기능, 규모에 대하여 논의를 재개해야 할지도 모릅니다. 극단적인 경우, 통일 이후 또 수도를 옮겨야 한다면 그 국가적인 비용은 막대할 것입니다.

다섯째, 신행정수도건설과 관계된 기초적인 연구가 필요합니다. 신행정수도가 건설되면 우리 나라의 도시체제는 현격히 재 개편될 것이 분명합니다. 따라서, 신행정수도가 건설되었을 때 우리 나라의 도시체제는 어떻게 바뀔 것인가를 알아야 합니다. 만약 신행정수도의 건설이 우리 나라의 도시들을 경제적, 정치적, 문화적, 사회적으로 좀 더 균형 있게 발전시키지 못하고 서울과 신행정수도라는 두 개의 엘리트 도시와 나머지 낙후도시로 구분되는 도시체제를 만들어 낸다면 신행정수도건설은 성공이라고 할 수가 없을 것입니다. 도시순위규모규칙(Rank-Size Rule), 중앙입지이론(Central Place Theory), 입지계수(Location Quotient), 도시경제기반 (Urban Economic Base), 인구이동 (Migration) 등 기초적인 연구를 포함한 필요한 연구를 바탕으로 신행정수도의 위치, 기능, 규모를 결정해야 할 것입니다.

여섯째, 정부가 설정한 정책적인 목표를 달성하기 위한 다른 대안의 수립과 분석이 필요합니다. 가장 중요한 대안으로는 지방도시의 육성을 통한 수도권 인구의 분산과 지역균형 발전을 꾀하는 것입니다. 이 정책적 대안과 신행정수도건설이라는 대안을 비교할 필요가 있습니다. 비교의 기준으로는 앞에서 거론한 경제적 정의, 정치적 균형, 문화적 균형, 사회적 평등 등을 사용할 수 있습니다. 신행정수도건설은 막대한 재원이 필요한데, 이러한 재원을 지방도시에 투자함으로써, 원래의 정책목표를 더 효과적으로 달성할 수 있는지를 검토해야 할 것입니다.

일곱째, 신행정수도건설과 관계없이 우리가 지방도시 육성을 위해서 꼭 해야 할 일이 있다면 그것은 다름 아닌 지방도시의 재정자립을 촉진하고 중앙정부의 권한을 지방으로 이양하는 것입니다. 지방도시가 재정적으로 자립하지 못하고 중앙집권적인 정부체제가 계속되는 한 균형있는 우리 나라를 만들기 어려울 것입니다. 이러한 상황 하에서 우리 국민이 어디에 살든지 감정의 대립 없이 편안하고 조화롭게 살기는 힘들 것입니다.

오늘 발표를 해 주실 여러분과 사회자 및 종합토론 참가자 여러분께 깊은 감사의 말씀을 전하는 바입니다.

(이 글은 2003년 6월 20일 한국주택학회 주최로 개최되었던 '신행정수도 건설과 주택시장에 관한 국제심포지움' 에서 주제로 발표된 내용입니다.)

제2편

해외 석학들의 제언

1_ 북미와 전 세계 수도 및 도청사의 입지와 이전문제

해리 리차드슨(Harry W.Richardson)_ 미시간주립대학교 석좌교수

해리 리차드슨 교수 약력

현재   남가주대학 정책, 계획, 개발대학 석좌교수
약력   도시 및 지역경제학분야 21권의 저서와 170여 편의 논문 발표
영국 맨체스터대학 경제학박사, 세계은행, UN 등 국제기구의
자문을 하고 있으며 지역경제학 저서는 세계적으로 널리
교과서로 쓰이고 있음.

　본 자료는 2003년 10월 24일, 신행정수도 연구단이 주최한 국제세미나에서 발표된 원고입니다. 기존의 행정수도이전의 정책 타당성을 옹호하기에 급급하였던 연구 결과와 비교할 때, 본 논문은 우리 나라의 행정수도 이전을 해외의 시각에서 객관적으로 평가한 것으로 판단되는 내용입니다.

1. 들어가는말

　지난 25년 간 수도 이전을 주제로 한 연구에 직접적으로 참여한 적은 없었지만 이 문제에 관하여 관심을 가져왔다. 나는 1979년에 국토연구원 창립을 기념하는 학술대회에 참여하기 위해 한국을 처음 방문하였는데 한 기자와의 인터뷰에서 박정희 대통령이 국가의 안보를 이유로 서울에 수백만 국민을 남겨두고 수도를 대구로 옮긴다는 것은 비겁한 일이라고 이야기하였으며 이로 인해 추방은 면했지만 많은 어려움을 겪은 바 있다. 본고의 후반부에 제시한 한국에 대한 나의 견해에 대하여 많은 논란이 이어질 것으로 생각한다.

　본 논문은 세 부분으로 구성되었다. 첫 부분은 북아메리카의 수도에 관한 내용이고 다음에 전 세계의 수도이전에 관하여 고찰하였으며 마지막으로 한국의 상황과 관련된 결론을 담고 있다.

2. 북아메리카

　북아메리카에서 수도이전에 관한 주제는 논의의 여지가 없다. 미국은 1800년에 수도를 필라델피아에서 워싱턴(Washington, D.C.)으로 이

206

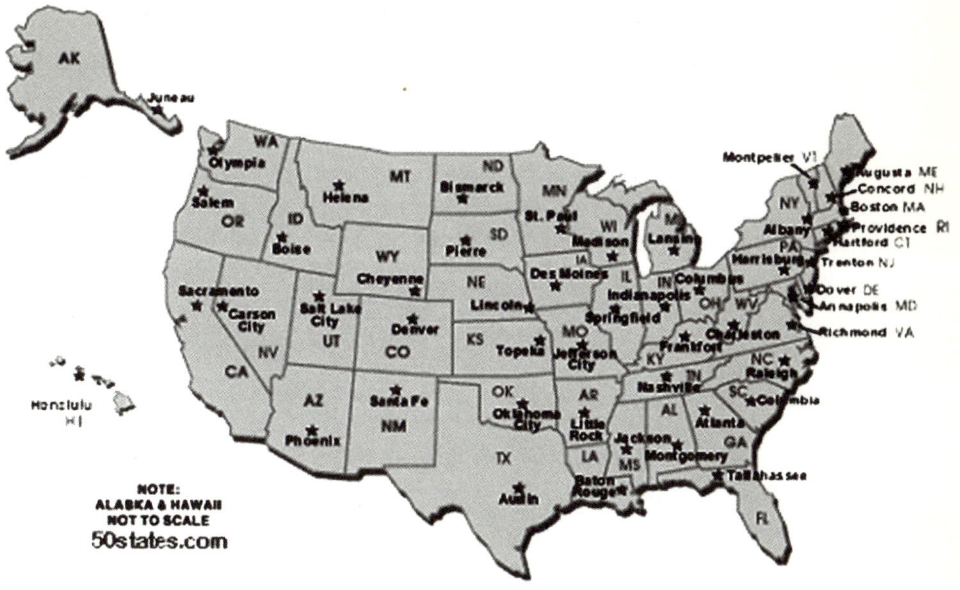

전한 이래로 현재 미국에서 수도이전에 관한 문제는 논의되지 않고 있다. 워싱턴대도시권역은 국가내 도시서열(national urban hierachy)상 #X로 지정된 지역이므로 공간적인 불균형의 문제는 여기서 문제되지 않는다.

미국에서는 "Beyond the Beltway"라는 말이 흔히 쓰인다. 여기서 Beltway란 워싱턴을 둘러싼 순환 고속도로를 가리키며 결국 이 말은 연방정부가 미국의 다른 지역과 어느 정도 고립되어 있음을 나타내는 의미이다.

국회의원들은 각자의 지역구와는 관계를 갖으나 워싱턴 주민들로부터는 아무런 영향을 받지 않는다. (따라서 국회에서 워싱턴 대표는 아무런 투표권이 없다) 또한 워싱턴은 정치적 영향력이 미미한 흑인이 주민의 대다수를 구성하고 있다. 입법부와 행정부는 자기들만의 폐쇄된 작은 돔에 거주하는 셈인데 최근 들어 전자우편의 발달이 그 돔을 다소나마 자극하고 있다. 하지만 버지니아에 있는 알링턴(Arlington, Virginia)과 같이 워싱턴으로부터 가까운 거리에 있는 '경계도시'로 일부 부서들의 분산화(decentralization)도 상당히 이루어져 왔다.

본고의 주제와 관련하여 우리가 생각할 것은 미국에서 주도(State Capital)의 입지 문제일 것이다. 미국에는 지형학적인 크기로 볼 때 대한민국보다 큰 주가 몇 곳 있다. 주도들을 조사해 보면 대다수의 주도가 작은 도시에 있다(격리의 가설: insulation hypothesis). 물론 소수의 주에서는 큰 도시에 주도가 있는 경우도 있는데 이런 사례의 대부분은 인구 수가 적기 때문에 큰 도시라 할지라도 실제적으로는 상당히 작은 도시인 경우가 많다.

캐나다의 경우 오타와를 수도로 정한 것은 매우 바람직하게 여겨진다. 오타와는 온타리오(영어권 중심지역)와 퀘백(불어권 중심지역)에 걸쳐 있기 때문에 캐나다에 두 언어와 두 문화가 존재하는데서 오는 문제들을 최소화할 수 있다. 강북의 대도시권역인 Hull은 불어권에 속한다. 지방에서는 주된 도시인 벤쿠버가 아닌 조용한 빅토리아에 주도를 정한 브리티쉬 콜롬비아시가 좋은 본보기이다.

3. 전 세계의 수도이전 사례

세계적으로 최근 수십 년 동안 수도를 이전하였거나 이전 계획을 세운 몇몇 사례를 검토하였다.(모든 사례를 포함하지는 않았음.)

1) 리오데자네이로 – 브라질리아, 브라질(1960)

국가적인 수도이전의 예로 가장 잘 알려진 곳이 아마 브라질일 것이다. 수도이전의 목적이 '균형있는 지역발전' 이라는 측면에서 어느 정도는 한국의 경우와 공통점이 있다고 생각되나 거리 상으로는 상당한 차이가 있다.(브라질의 경우 2,000킬로미터의 거리를 두고 있는데 비하여 한국은 150킬로미터의 거리를 두고 있다.) 브라질은 수도이전으로 국토인구 균형지점이 아마존 지역을 향해 이동했다.

브라질리아의 대표적인 특색은 그 디자인에 있다. 오스카 니마이어(Oscar Niemeyer)라는 건축가가 한 대의 비행기(양 날개에 내각이 있음)와 양 의회를 나타내는 음양 쌍둥이빌딩으로 디자인하였는데 그 당시로는 상당히 미래 지향적이었다.

주거시설의 대부분은 '대규모 블럭' (superblock)으로 지어졌는데 이것은 한국 스타일과 매우 유사하다. 브라질리아 디자인의 단점은 도보 접근성이 미흡(lack of walkability)한 것이다. 브라질리아는 예를 들면 정부지역, 호텔지역, 상업지역 등 여러 지역으로 나뉘어 있는데 이렇게 토지이용이 분명하게 구분됨으로 인하여 한 지역에서 다른 지역으로 이동하는 것이 쉽지 않아 도시 내 고속도로를 이용해야만 할 정도이며 500미터 떨어져 있는 건물을 택시로 3킬로미터 정도 돌아가야만 도달할 수 있다. "브라질리아는 석유회사와 택시운전사를 위해 만들어졌다"는 말이 전혀 과장된 것이 아니다. 또 다른 주된 문제는 비용에 관한 문제인데 이것은 군사기밀이었으며 내가 아는 바로는 공개된 추정치도 없는 것으로 알고 있다.

수도이전 초기에 공무원들의 대부분은 리오데자네이로와 브라질리아를 출퇴근하였으며 주말 비행기는 언제나 만석이었다. 최근 들어서는 특히 어린이가 있는 가정을 중심으로 브라질리아에서의 생활에 대한 만족도가 높아졌으며 바로 근처의 호수로 인해 훌륭한 여가시설이 제공되고 있다. 한가지 지속되는 문제는 사회적 평등에 관한 것이다. 저소득층 근로자는 도시 중심에 거주하기 어렵고 도시로부터 상당한 거리를 두고 있는 거주지역에 살고 있다.

2) 라고스 – 아부자, 나이제리아(1992)

이 사례는 매우 특별한 사례이다. 나이지리아는 북부의 회교도와 남부의 기독교 간 종교의 갈등, 그리고 Hausa, Yoriba, Ibo 등 여러 부족 간의 대립문제를 안고 있다. 아부자를 선택한 배경으로는 국가의 중심부에서 중립적인 입지를 찾는 것이 가장 중요한 핵심사항이었다. 국가의 크기를 고려하면 아부자는 상당히 접근하기 어려운 곳이다. 그러나 이러한 결정의 장점은 기업적 측면이나 정부적 측면에서 현재 심각하게 도시의 효율성을 떨어뜨리고 있는 라고스의 열악한 기반시설(즉 교통시설, 전기시설, 상하수도시설 등) 부족문제를 상쇄할 수 있는 새로운 기반시설을 건설하도록 한다.

3) 아비잔 – 야무수코로, 아이보리 코스트(1983)

국가의 수도를 기존의 수도에서 당시 대통령(Felix Houpouet-Boigny)의 고향으로 이전하였다. 수도이전 결정 후 얼마 지나지 않아 대통령은 사망하였고 수도이전 절차도 중단되었다. 공항을 포함한 기반시설의 투자는 이미 이루어진 상태였으며 최근 들어 이용되지 않는 기반

시설을 활용하려는 관심이 증대되고 있다.

  4) 텔아비브 – 예루살렘, 이스라엘(1980)

  상징적이고 종교적인 또 정치적인 목적에서 수도이전이 행해졌으며
경제적인 측면에서는 특별한 의미가 없다.

  5) 본 – 베를린, 독일(1992)

  통일 이후 수도가 베를린으로 돌아간 것은 한국의 상황에 시사하는
바가 크다. 구 서독의 본에서 베를린으로 돌아간 것은 독일의 재통합과
정에 있어서 매우 중요한 결정이었다. 국제적인 공모전을 거쳐서 선택된
새로운 의회 건물의 신축이 수도이전의 버팀목이 되었다. 이와 함께 구
동독에 있었던 공공건물에 대한 대대적인 수리가 진행되었다.

  6) 카라치 – 이슬라마바드, 파키스탄(1960)

  이슬라마바드는 대도시인 라왈핀디(Rawalpindi)에 가까이 위치하고
는 있으나 완전히 새로 건설된 수도였다. 부분적으로는 카라치
(Karachi)라는 대도시에 인구와 경제활동이 과도하게 밀집되는 것을 줄
이기 위하여 건설된 측면도 있으나 중요한 중앙정부의 기능이 이슬라마
바드로 이전되었고 점차 녹지공간이 줄어들게 되었다. 지속되는 문제는
정부 고위층의 많은 사람들이 카라치(Karachi)나 라호레(Lahore) 같은
대도시로부터 이주하지 않는다는 것인데 이로 인하여 이슬라마바드를
들어오고 나가는 비행기편은 잦은 스케줄에도 늘 만원이다. 이슬라마바
드의 마스터플랜은 그리스의 Doxiadis Associates에서 제작하였는데
서구 기준에 따라 건설되었으며 상당히 넓은 고속도로를 갖추고 있다

(Lovejoy, 1985). 주거지역은 사회계층에 따른 위계질서에 따라 고안되었다. 조경은 수입관목에 주로 의존하였는데 본래의 토종 나무에 비하여 기후에 적합하지 못했다.

7) 다르 에스 살람 – 도도마, 탄자니아(1995)

도도마(Dodoma)는 약 25만 명의 인구를 갖추고 농산물 상업지역에 위치한 도시이다. 1970년대 중반부터 수도이전 계획이 있었으나 국회가 1996년에 와서야 움직임을 보였다. 지금까지도 수도이전에 대한 상당한 부담감은 안고 있으나 여전히 중요한 정부기관은 다르 에스 살람(Dar-Es-Salaam)에 남아 있는 상태이다.

8) 멜버른 – 캔버라, 오스트레일리아 (1927)

캔버라는 시드니나 멜버른, 아델라이드 등과 같은 주요도시로부터 수백 마일 떨어져 있다. 강력한 몇 개의 주가 존재하는 연방정부 체제일 때 주도가 있는 도시에 연방 수도가 함께 존재하는 것이 바람직하지 못하다는 의견을 바탕으로 형성되었다.

9) 콸라룸푸르 – 푸트라자야, 말레이시아(2005)

아직 시작되지 않은 수도이전 계획이다. 푸트라자야(Putrajaya)는 콸라룸푸르(Kuala Lumpur)에서 고작해야 20킬로미터 떨어진 곳에 위치하기 때문에 이 계획은 수도이전 계획이기보다는 정확하게 말하면 교외로의 분산화로 설명하는 것이 옳을 것이다. 기존 수도 중심지역의 혼잡을 줄이는 것이 주된 목적이라면 수도의 기능을 원거리로 이전하는 것보다는 메트로폴리탄 지역 내에서 분산화시키는 것이 합리적인 대안이 될 수 있다.

  10) 실패한 계획들

  기존의 수도를 이미 존재하는 작은 도시나 또는 완전히 새로운 작은
도시로 이전하려다 철회한 예를 찾아 볼 수 있다. 1980년대에 페루의 가
르시아 대통령은 수도를 리마(Lima)에서 안데스지역의 도시인 후안카
요(Huancayo)로 이전하려는 계획을 가지고 있었다.(5000미터의 고도에
서 정부가 운영되는 것을 상상해 보라!) 더 극단적인 예로 아르헨티나는 수
도를 부에노스아이레스(Buenos Aires)에서 훨씬 남쪽의 새로운 도시로
이전할 계획을 가지고 있었다.

4. 앞의 사례들이 우리에게 제시하는 바는 무엇인가

  1) 북아메리카에서 수도이전은 앞으로도 논의되지 않을 것이다. 미
국의 경우 수도의 몇몇 기능은 가까운 경계도시나 교외지역으로 이미
분산화가 진행되어 왔으며 앞으로도 계속될 것으로 생각된다. 워싱턴지
역의 방대한 크기에도 불구하고 연방정부는 미국의 다른 지역으로부터
어느 정도 격리(insulate)되는 명성을 유지하여 왔다. 두 종류의 언어와
문화를 연결하는 역할을 하는 탁월한 지역적 특성을 갖는 오타와는 캐
나다가 방대하게 동서로 넓게 위치한 특성을 고려하면 동쪽으로 지나치
게 치우친 것은 사실이다.

  2) 북아메리카에서 좀더 흥미롭고 한국과 연관지어 생각해 볼 수 있

는 것은 주도나 지역적 수도의 위치일 것이다. 모든 도시가 다 그런 것은 아니지만 대부분의 경우 대도시가 아닌 작은 도시에 위치하며 종종 상당히 떨어진 곳에 위치해 있는 것을 알 수 있다. 이것이 적절한가 그렇지 못한가의 문제는 대도시에 있음으로서 입법자들이 가지는 이익과 상대적으로 평화롭고 대도시적인 감성과 인식으로부터 덜 영향받는 상태에서 공무원들이 그들의 업무를 수행하는 것에 대한 이익 사이에 존재하는 격리(insulation)의 교환법칙을 어떻게 해결해 나가느냐에 달려 있다.

3) 세계적으로 일부 사례에서 수도이전은 새로운 도시로 이행되었으며 상당수는 기존의 도시로 옮겨갔다. 기존의 도시로 옮기는 경우에는 주요 공공 건물이 정책적으로 시내에 위치하기 때문에 재개발이 필요하다는 문제를 안고 있다. 다른 한편으로, 기존의 도시일 경우에는 본래의 수도로부터 이전하기를 꺼리는 공무원 및 근로자를 대체할 수 있는 노동력(특히 하위 노동직)의 공급이 용이한 측면이 있다.

4) 새로운 수도의 대부분은 발전 속도라는 측면에서 볼 때 기대에 못 미치는 것이 사실이며 이것은 다음의 문제들을 수반한다. 하나는 투자비용의 부담으로 특히 자원이 한정된 개발도상국의 경우 문제가 된다. 또 하나는 기존의 수도에서 떠나기를 꺼리는 고위 공무원 계층의 문제이며 새로운 수도에 대한 접근성의 부족도 문제가 된다.

5. 한국을 위한 제언

솔직히 말하자면 충청지역으로의 수도이전 계획은 여러 면에서 재고의 소지가 있다. 대부분의 공무원들은 충청지역으로 이주하지 않은 채 서울에서 통근할 것이고 이것은 정부의 효율성을 떨어뜨릴 것이다. 서울에 있는 정부 건물들의 사용 용도도 매우 불투명하다. 한국을 방문하는 외교사절이나 기업인들이 인천공항에서 비행기를 갈아타고 새로운 공항으로 가는 것도 상당한 혼란이 예상된다. 무엇보다도 중요한 것은, 비록 김대중 전 대통령의 햇볕정책이 실패했다고 하더라도, 통일의 가능성을 염두에 두어야 한다는 것이다. 그때까지, 합리적인 정책은 서울에 남겨두는 것일 것이다.

통일이 된다면 나는 서울이냐 평양이냐의 난전을 피하고 새로운 도시를 제안하고 싶으며 그 곳은 바로 개성이다. 개성은 10세기 고려왕조에서부터 1392년 조선왕조가 서울로 천도하기 이전까지 한국의 수도였던 곳으로 그 역사적인 의미가 매우 크다. 비록 북한에 위치하지만 새로운 수도를 건설하는데 드는 비용 면에서 상당히 경제적이다. 또한 남북한 교류 증진에 크게 기여할 것이다. 이미 남북한은 2003년 7월에 개성에 남북한 합작 공단을 조성키로 합의한 바 있다. 고속도로가 건설되면 서울에서의 통근 시간도 충청권보다 짧아질 것이다. 좀 더 나아가 이것은 남한측에서 통일과 화해에 관한 중요한 상징적인 행동이 될 것이며 북한측이 물질적인 부를 축적하게 되면 그들은 남측에 특별구역(concession)을 제의하게 될 수도 있다.

물론 우리는 과연 통일이 될 것인지 아닌지, 언제 일어날지 아무도 모른다. 그때까지 중요한 수도의 기능은 서울에 유지하는 것이 최상의 전략일 것이다.

　새로운 수도를 건설함에 있어서 시간적으로 비현실적인 면이 있다. 한국의 건설계획이 서울 부근의 신도시 조성처럼 효율적으로 빠르게 진행될 수 있다는 것은 높이 평가한다. 그러나 새로운 수도는 단순히 정부 사무실과 주거용 아파트를 건설하는 것으로 이루어지는 것이 아니다. 새로운 수도는 새로운 청와대나 새로운 국회 등과 같은 상징적인 공공 건물들이 갖추어져야 한다. 이러한 일들이 제대로 진행되려면 국제적인 건축 공모전이 이루어져야하며 이러한 건축물의 건설은 일반적인 건물에 비해 훨씬 장시간을 필요로 한다. 또 다른 측면에서 건설시기로 예정된 2007년에서 2012년은 상당히 비현실적으로 비춰진다. 노무현대통령은 이 계획이 실행되기도 전인 2006년에 그 임기를 마치게 된다. 모든 대통령에게는 선거공약과 같은 특별한 프로젝트나 정책이 있기 마련이다. 임기 중에 실행되지 않는다면 이러한 공약들이 수행되기는 어려울 것이다. 내 개인적인 생각으로는 새로운 수도가 적어도 충청지역에는 건설되지 않을 것 같다.

　정부의 일상적인 일부 기능을 꼭 충청지역이 아니라 할지라도 지방으로 분산시킬 필요가 있다는 데는 동의한다. 미국의 경우 이민국과 귀화에 관한 중요한 업무처리 센터는 위치적으로 미국의 중심에 있는 네브라스카에 위치한다. 연방은행과 같은 여러 종류의 민간부문 기관은 일상업무를 지방으로 분산시킴으로 인건비를 절약하고 있는데 한 예로 시티뱅크 신용카드사는 North Dakotaz 주의 Rapid City에 위치하는데 이곳은 결코 중심지라고 할 수 없는 지역이다.

　나는 수도이전 문제와 관련하여 상당히 제한된 정보를 가지고 있는 것이 사실이다. 내가 올바로 이해했다는 가정 하에 몇 가지 의견을 제시하고자 한다. 내가 1979년에 이야기한 것과 같은 이유로 나는 국가의 안보에 관한 주장에는 반대하는 입장이다. 물론 북한의 공격에 대비하여 서울에서 떨어진 곳에 예비시설을 갖추어야 하지만 이것은 수도이전 문제와는 상이한 것으로 생각된다. 내 생각으로는 2012년 정도가 되면 북한의 문제는 더 이상 존재하지 않을 것 같다. 어쩌면 이것은 나의 지나친 낙관적인 생각인지도 모르겠다.

'균형잡힌 지역발전' 이라는 주장은 더욱 동의하기 힘들다. 우선, 국가는 불균형적인 지역발달을 통해서 성장한다. 서울 메트로폴리탄 지역에 경제활동이 집중된 것이 한국의 경제성장의 중요한 요인이었다. 고전적 지역 경제학자로서 나는 여전히 집적경제의 위력을 믿고 있다. 두 번째, 더욱 중요한 것은 충청권으로의 수도이전은 지역 균형발전에 거의 기여하지 못할 것으로 예측된다.

서울에서 너무 가까울 뿐 아니라 현재 팽창하고 있는 대전 근처로 수도를 이전하는 것은 균형을 이루는 것이 아니라 오히려 불균형을 강화시킬 것이다. 남한지역에서 국토의 균형있는 발전을 구축하는 것이 주된 목적이라면 가장 확실한 선택은 전라도 지역으로 가서 광주를 새로운 수도로 만드는 것이다. 이런 일이 일어나지 않으리라는 것을 우리는 모두 잘 알고 있다. 그렇다면 새 수도를 충청권으로 옮겨야 한다는 설득력 있는 논리가 있는가? 그렇게 하는 것이 서울에 남는 것보다 낫고 광주로 옮기는 것보다 좋고, 통일을 대비하여 개성에 새로 건설하는 것보다 낫다고 나를 설득할 수 있는 논점이 무엇인가?

또 다른 문제는 '세계적인 도시 만들기' 에 관한 것이다(Friedmann, 1986: Sassen, 1991; Taylor,). 다른 아시아의 초대형 도시들처럼 서울은 세계적인 도시가 되기를 열망하지만 이것은 수도기능이 이전된다면 상당한 타격을 받을 것이다.

정치학적인 간단한 연설로 결론을 맺고자 한다. 한국은 과거 십여 년간 민주화를 향한 큰 진보를 이루어 왔다. 그러나 여전히 상하 수직적인 유교적 사고방식이 남아 있는 듯 하다. 그렇기 때문에 대통령 선거공약은 마치 법과 동일한 것처럼 무비판적으로 수용되는 경향이 있다. 국민들이 토론을 지속적으로 행하고 그 토론의 장에서 대통령의 소리는 강력한 힘을 가진 소리일지라도, 여러 목소리 중의 하나일 때 참된 민주주의가 실현된다고 할 수 있는 것이다. 김영삼 전 대통령의 세계화 정책은 어찌 되었으며, 김대중 전 대통령의 햇볕정책은 또 어찌 되었는가? 한국의 도시계획가들과 다른 여러 주체들이 지속적인 토론의 장을 벌여서 합리적이고 독립적인 기여를 행하지 않는다면 노무현대통령의 수도이전 정책에도 동일한 일이 일어날 것으로 생각한다.

* 최상철 교수(서울대학교 환경대학원)와
   해리 리차드슨 교수와의 특별대담

일시 : 2004년 9월 27일 11:00~12:30
장소 : 미국 University of Southern California 해리 리차드슨 교수연구실
대담자 : 최상철(서울대학교 환경대학원 교수)

최상철 : 한국의 수도이전 문제에 대하여 깊은 관심을 가지고 계시고 지난해 대한국토도시계획학회주최 국제 심포지움에서 훌륭한 논문을 발표해 주신 것으로 알고 있습니다. 그때 한국의 수도이전문제에 대하여 대단히 비판적인 견해를 발표하신 바 있습니다. 아직도 같은 생각을 하시고 계십니까?

리차드슨 : 어디부터 말씀드려야 할지 모르겠습니다만 수도이전 논의의 출발자체가 잘못되었다고 봅니다. 사전조사와 연구도 없이 팽팽한 대통령선거전의 과정에서 득표전략으로 시작되었다는 점에서 허구적인 합리성이라고 봅니다.

최상철 : 허구적인 합리성이라고 말씀하셨는데 무슨 뜻인지요?

리차드슨 : 서울도심에서 고속철도로 불과 40분 거리에 신행정수도를 건설하여 국가균형발전을 이룩할 수 있다는 허구성입니다. 진정 지역균형

발전을 원한다면 전남 광주라면 납득이 갑니다만 그렇게 될 가능성도 없지만 불행하게도 제가 가르친 몇몇 제자들 중에 충청권 신행정수도 건설이 지역균형발전에 기여한다고 주장하는 사람들이 있다는 것은 제가 지역경제학을 잘못 가르쳤다는 서글픈 생각도 듭니다.

최상철 : 왜 그러면 당신 제자들이 그렇게 동조하였다고 보시는지?

리차드슨 : 아마 몇 백만 원의 연구비에 현혹되었는지도 모르지요. 일단 연구비를 받으면 반대할 수 없잖아요. 저는 학자로서 연구비 때문에 저의 학문적 양심을 판 적이 없다고 봅니다. 당신도 나를 돈으로 살 수 없다는 점을 명심하기 바랍니다.

최상철 : 지금 말씀을 들으면서 상당히 감정적으로 격앙된 견해를 지닌 것 같은데…….

리차드슨 : 그럴지도 모르지요. 저는 한국인들의 근면성, 건전한 양심, 우애심의 동반자입니다. 그래서 저는 한국 부인과 결혼했고 내 인생에서 후회도 없습니다. 그러나 종종 한국인들의 상명하달식 사고와 유교적인 순종성에 대하여 불만이 없지는 않습니다.

최상철 : 다시 한번 한국의 수도이전 정책이 잘못되었다고 생각하시는지?

리차드슨 : 너무나 명백한 사실은 서울이 세계적(global) 도시로 발전하

겠다는 국가적 목표와 상치되는 일입니다. 상해, 북경, 홍콩, 동경과의 경쟁에서 영원히 낙후되는 길을 택하기 때문입니다.

최상철 : 수도이전에 대한 다른 나라의 사례에 대하여 어떻게 생각하십니까?

리차드슨 : 아이보리 코스트의 대통령이 자기 고향에 수도이전을 하려고 시도하였으나 비극적인 결과를 가져왔음은 물론, 파키스탄의 신수도 이스라마바드는 40년이 지났으나 아직도 제자리를 잡지 못하고 있으며 브라질의 경우 조금의 인구분산 효과는 있었을는지 모르지만 아직도 살고 싶은 도시와는 거리가 멀지요. 호텔에 머물 때 상가까지 갈려면 400m를 가야 하고 택시를 타야 할 정도로 보행으로 접근할 수 없는 도시입니다. 아마 브라질리아는 석유회사와 자동차 회사를 위해 만든 도시인 것 같습니다. 말레이시아의 신수도 푸트라지야는 완전히 다른 이야기입니다. 수도이전이 아니라 기존수도 콸라룸푸르의 교외화입니다. 한국의 과천 정도지요. 지역균형발전이라는 속임수는 말하지 않습니다. 오히려 아름다운 전원도시로서 수도건설을 말하고 있지요. 직접 가 보지는 않았지만 엄청난 투자가 이루어졌겠지요. 한국의 수도이전에 47조 원이 든다니 믿겨지지 않습니다. 건설회사 좋은 일 시키고 누가 득을 보고 손해를 보는지 따져 보아야지요. 직접적인 증거는 없지만 이러한 과정에서 건설업체와 정치가들 사이에 앞으로 뒷거래가 없다고 장담할 수 없습니다.

최상철 : 그러면 수도이전 아닌 지역균형발전을 위한 대안은 무엇입니까?

리차드슨 : 몇 가지 생각이 듭니다. 세계적으로 경쟁력있는 서울을 유지해야 합니다. 진정 지역균형발전을 원한다면 수도이전 대신에 주요도시에 중앙정부의 제2차관서(back office government)를 분산시키고 통일을 대비한 국토공간구조의 재편성을 생각해야 할 것입니다. 예를 들어 통일수도로 개성을 고려해 보는 것이 비용도 싸게 먹히고 남북화해를 위한 제안으로서, 통일 후 서울로의 인구집중을 방지하기 위한 전략으로서도 좋다고 생각합니다.

최상철 : 너무 수도이전 문제에 대해서만 대담한 것 같습니다. 세계적인 지역경제학자로서 한국의 지역불균형발전에 대하여 어떻게 생각하십니까?

리차드슨 : 한국의 지역 간의 불균형은 그렇게 크지 않다고 생각합니다. 다른 개발도상국가들에 비해 낮을 뿐만 아니라 미국이나 EU보다 심각하지 않다고 봅니다. 지역의 불균형은 공간적 불균형이 아니라 거기에 살고 있는 사람들의 소득 불균형입니다. 수도이전이 결코 못사는 지역의 주민들의 소득을 향상시킬 것이란 보장은 없습니다.

최상철 : 한국에서는 수도이전과 동시에 공공기관 지방이전을 동시에 추진하고 있으며 당신의 고향인 영국의 성공적인 사례로 인용하고 있습니다. 어떻게 생각하십니까?

리차드슨 : 영국의 1970년대 한번 해 본 정책이지요. 실패한 정책입니다. 최근에는 오히려 런던의 도심개발과 도시기능활성화를 위한 공공기관

유치정책을 쓰고 있습니다.

최상철 : 당신께서는 대도시인구집중의 역전(polarization reversal)이란 이론을 전개한 바 있습니다. 한국의 수도권 집중현상이 역전되리라고 보지 않습니까?

리차드슨 : 당분간 한국의 수도권집중현상은 지속되리라 보여집니다. 그러나 심각한 국면은 지났다고 보여집니다. 인구의 노령화, 연금시대의 도래, 경제구조의 변화에 따라 한국의 수도권집중문제는 서서히 풀려 나갈 것으로 보고 있습니다.

2_ 국토의 균형발전과 지방 분권
-프랑스 사례를 중심으로-

쟝 로베르 삐뜨(Jean-Robert Pitte)_ 파리 소르본대학 총장

쟝 로베르 삐뜨(Prof. Jean-Robert Pitte)총장의 약력

현재   프랑스 파리 소르본대학 총장, 지리학 교수

약력   프랑스 파리 소르본대학 지리학 박사, 프랑스 지리학회 부회장
상띠에 세계지리축제부위원장.

『프랑스의 역사경관』을 비롯한 수많은 논저를 낸 세계적인 문화역사지리학자

본 원고는 2004년 11월 17일 서울시정개발연구원이 주최한 파리 소르본
대학 총장의 초청 특별강연에서 발표된 내용입니다.

1. 프랑스의 정착

중세 이후 농업 및 상업 활동의 정체 및 저하, 기아, 페스트, 100년
전쟁 등 각종 재해가 발생했다. 15세기 평화와 번영을 구가하면서 상황
이 개선되기 시작했고 국가 역할의 강화는 프랑스인들의 일상 생활 및
상황에 상당한 영향을 미치고 애국심이 발전할 수 있는 토대를 마련하
였다.

르네상스 시대에 프랑스가 이베리아 반도 국가들과 마찬가지로 대서
양 정복에 나서지 않고 이태리로 눈을 돌린 것은 이해하기 힘든다. 이는
아마도 문화와 세련미를 중시하는 발로아(Valois)파 카페 왕조
(Capetiéns)의 특성에 기인한 것일 것이다. 이태리는 서구 문명의 모태
이자 교황의 근거지로서 사실 프랑스에게 있어 가장 매력적인 이웃이었
다. 비난의 여지가 있는 것은 사실이지만 이태리 전쟁은 프랑스 정치 구
조 및 지식층 문화 그리고 사회 전반에 뚜렷한 영향을 미쳤다. 그리고 프
랑스적 전통에 흡수, 통합되어 17세기, 18세기에 프랑스가 유럽 최고의
강대국이 되는 데 기여했다.

1) 단일 국토, 단일 국왕, 단일 수도

12세기부터 군주들은 국토 단위를 강화하기 시작했다. 일단, 국경
보호를 강화했다. 정략 결혼과 군사 전략을 조율하며 앙시앙 레짐

(Ancien Régime)말기에는 주요 이웃국들과 평화적인 관계를 수립했다. 동쪽, 북쪽으로 확장한 국경은 보반(Vauban)이 정비한 요새들로 철통같이 지켰다.

이와 동시에 부르봉 가(Bourbons) 말기에는 국토 전략의 또 다른 일환으로 정치, 행정 단위를 통합. 중앙집권화 하였다. 각종 기관들도 이같은 의지를 반영했으며 왕정 시대 주요 세력들이 거의 밀집해 있었다고 할 수 있는 베르사이유 조정 (la cour de Versailles)이 그 좋은 예이다. 1520년 불과 148명에 그쳤던 국왕 연금 수령 영주들이 1789년 16,000명으로 증가했다. 이는 영국 혁명이라는 특징 외에도 농업, 산업 분야의 뒤늦은 경제 발전으로 인해 귀족들이 농민들과 보다 밀접하게 지내던 영국과는 대조적이다

도지사의 관할 하에 이루어진 국토 편성의 경우, 파리로부터 뻗어 나가는 방사선형 도로들이 중앙집권에 대한 염원을 표현하고 있다. 이는 19세기 철도망, 20세기 고속도로 및 고속철도(TGV)망 건설로 강화된다. 루이 13세 시대부터 건축, 도시조경, 예술 동질화를 추구해 왔으며 왕권의 보호를 받던 지식층들이 이에 가담했다.

〈표 1〉 루이 14세 시대 국경 강화

Ambleteuse
Longwy
Saint Vaast
Camaret
Neuf-Brisach
La Rochelle
Saint-Martin
de-Ré
Briançon
Montdauphin
Bayonne
Port-Vendres
요세
0   100 km
보반이 건설한 요세
보반이 재건한 요세

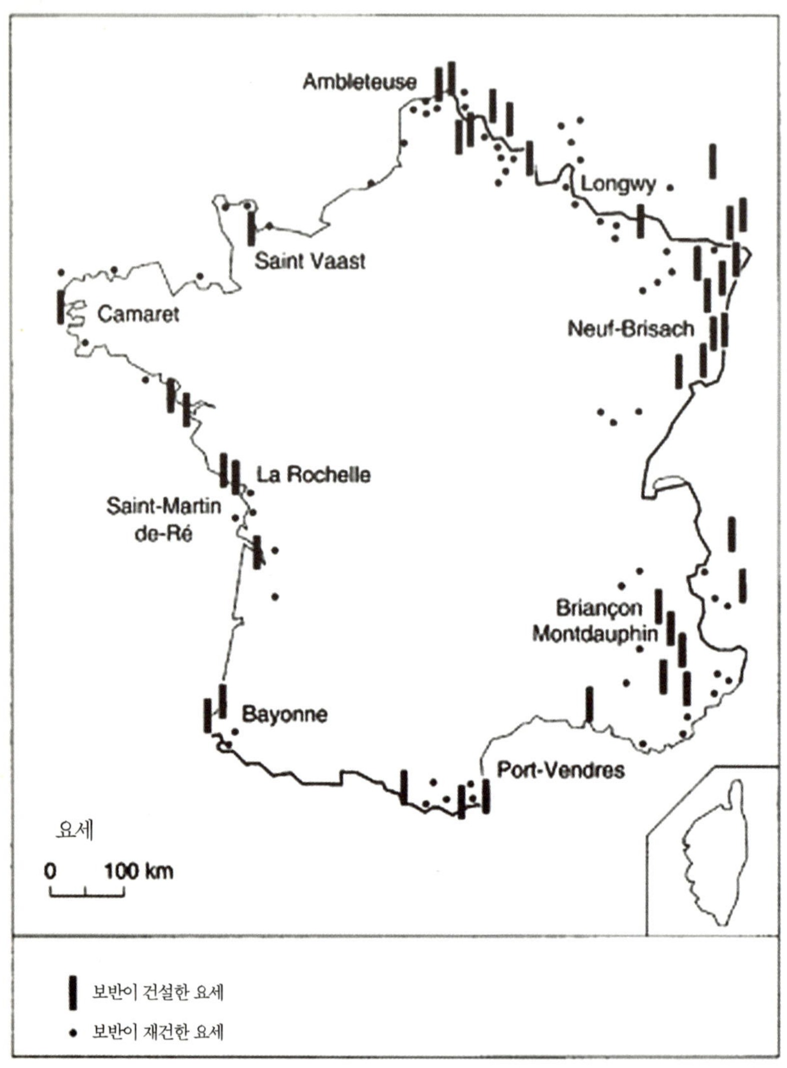

228

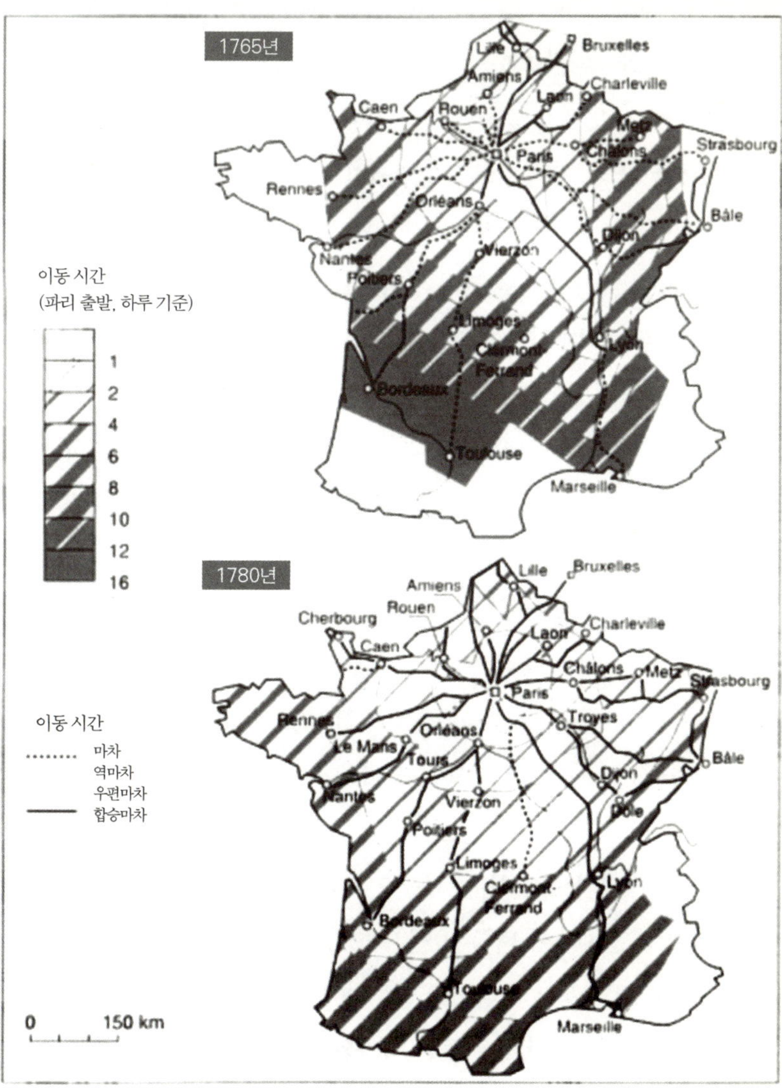

흰 색으로 표시된 외곽 지역에는 우편 서비스가 제공되지 않았다.

자료 제공 : G. 아르벨로 『18세기 프랑스 도로의 변혁』 1973년 아날 ESC 출판

2) 체제의 변화와 중앙집권적인 단일화 된 프랑스

지난 2세기 동안 프랑스는 혁명 또는 전쟁으로 종결된 다양한 정치 체제를 겪었다. 주요 체제로는 2번의 군주제, 2번의 제정, 5번의 공화국을 들 수 있다. 20세기 말기까지 그 어떤 체제하에서도 파리의 우월성으로 대변되는 정치 및 국토의 중앙집권화 원칙을 번복하기를 희망하거나 시도하지 않았다는 것은 상당히 놀라운 일이다. 자코뱅(Jacobins)파와 지롱댕(Girondins)파 간의 논의가 지금으로부터 2세기 전에 시작되었지만 아직도 끝날 기미가 보이지 않는다. 드골(de Gaulle)대통령과 퐁피두(Pompidou)대통령이 고안했으며 1982년 법안으로 결정된 분권화 정책이 성공인지 아닌지는 미래가 말해 줄 것이다. 현재로서는 평가하기 이르다.

물론 지방 자치단체에서 중앙 권력에 맞서려는 시도는 항상 있었지만 한번도 결실을 얻은 적이 없다. 지식층은 항상 중앙 행정당국을 지지했다. 중앙집권화는 루이 14세, 프랑스 대혁명〔1792년 9월 20일 발미(Valmy) 전투는 오늘날의 프랑스를 있게 한 주요 사건 중 하나이다〕, 나폴레옹 1세, 세계 제 1,2차 대전 당시 군사 조직뿐만 아니라 선거구, 제 3공화국 당시 도입한 무상 의무 교육 기관인 비종교적인 공립학교, 공무원의 이동, TV. 라디오, 신문 등 각종 언론을 통해 강화되었다.

프랑스적 정체성이 비록 19세기 중반에서 20세기 중반보다는 희석되었지만 유럽 공동체 창설에도 불구하고 소멸되기는커녕 뚜렷하게 남아 있다. 대부분의 프랑스인들은 국가와 국가주의를 혼동하지 않는다. 물론 코르시카(Corse), 뻬이 바스크(Pays basque) 그리고 보다 미미하기는 하지만 알자스(Alsace), 사보아(Savoie), 니스(Nice), 카탈로니아(Catalogne), 브르따뉴(Bretagne), 북부 지역(Nord) 등 주변 지역의 분리 움직임이 상당하기는 하나 소수 주민들의 지지를 얻고 있을 뿐이다.
특히 코르시카와 뻬이 바스크의 경우에는 테러 행위에 대한 다수의 침
묵이 단지 문화적인 요구만을 대변하는 것에 그치지 않는 집요한 폭력
행위를 설명한다. 마피아들의 개입 등 각종 일탈 현상이 점점 뚜렷해지
는 추세이다.

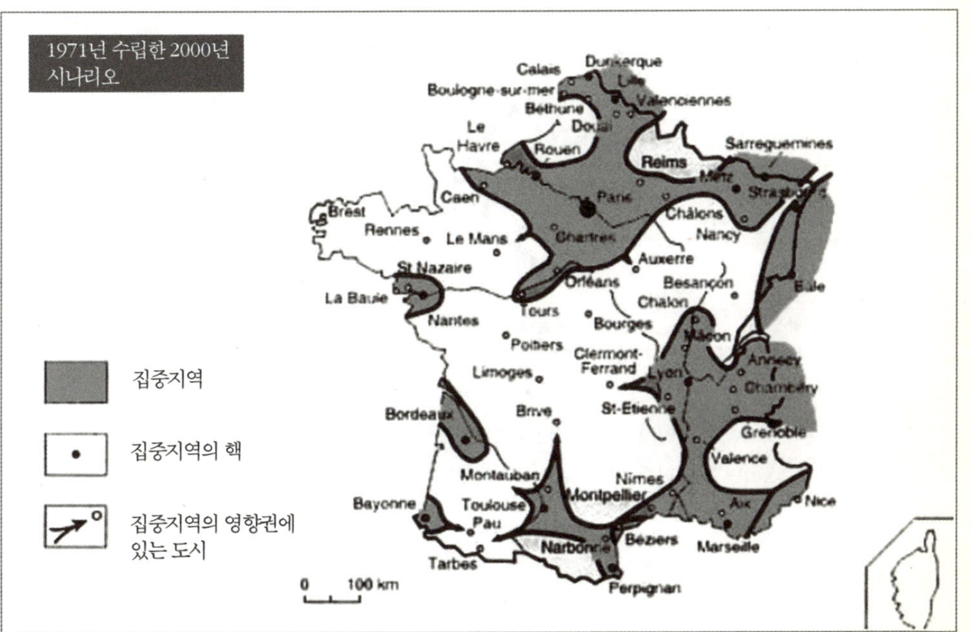

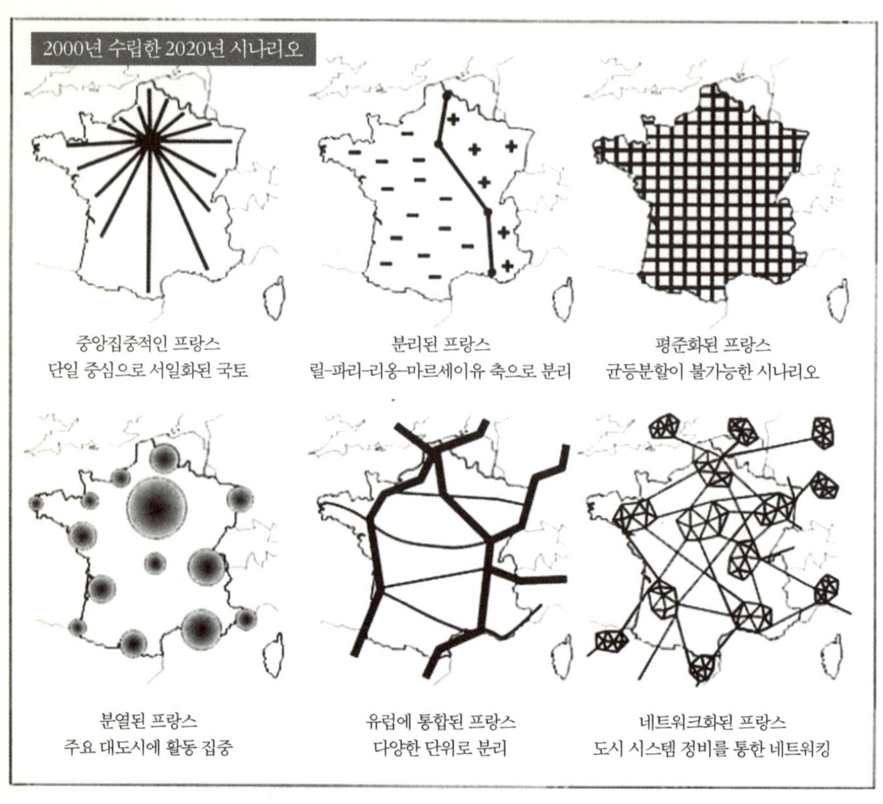

1) 1971년 수립한 2000년 시나리오 : 1971년 DATAR에서 제시한 수용 불가능한 시나리오.
2) 2000년 수립한 2020년 시나리오 : DATAR에서 2000년 수립한 2020년 시나리오.

2. 분권화, 국가에게 있어 고무적인 현상인가 낭비의 근원인가

1) 1982년 드페르(Defferre) 법안

드골 장군(Général de Gaulle)은 1969년 실시한 상원 개혁 및 지역화 관련 국민투표에서 패배하면서 정권에서 물러나게 된다. 하지만 프랑스인들의 선택은 드골 장군의 인격에 대한 것이었으며 분권화는 이미 무르익은 개념이었다. 1982년 가스똥 드페르(Gaston Defferre)가 상정한 법안이 통과하고 나서야 정부는 지역자치단체에 일부 특권을 양도했다.

국토 정비 관련 지역(프랑스 22개 지역 및 해외에 있는 4개의 지역)에 교통 시설, 활동 영역, 공공 서비스(고등학교, 대학교, 병원, 극장 등) 관련 결정과 재정 지원 참여를 촉구하였다. 지금까지 파리에서 일괄적으로 결정하던 국토정비 계획이 국가-지역 계획 계약이 된 것이다. 물론 DATAR(프랑스 투자유치부)와 주요 행정당국에서 여전히 결정권을 행사하지만 지역들의 노력 결과, 일부 계획에서 국가의 역할을 축소하게 되었다. 1991년 도입한 계획 계약 방식으로 운영되는 2000 대학 계획(plan Université 2000)이 좋은 예이다. 정부는 값비싼 비용을 초래하는 대학의 분산을 제한하기를 희망했다. 각 지역, 실상 각 지자체는 프랑스 평균 도시마다 기술학교(IUT), 대학 분교, 활발하게 운영되는 대학 등을 유치할 수 있었다. 하지만 이는 지역 대표들의 위상을 높이는데 기여했을 지는 모르지만 최종 소비자 및 학생 교육 향상에는 도움이 되지 못했다. 농촌에서 이름높은 프린스톤(Princeton) 대학 모델은 프랑스에는 전혀 적합하지 않다. 물론 프랑스 고등 기술 학교(l'Ecole polytechnique) 또는 프랑스 고등 상업 학교(HEC)와 같은 그랑제꼴이 농촌지역에 자리잡고는 있지만 파리도심에서 고속지하철(RER)로 불과 몇 정거장 떨어져 있을 뿐이다. 대학 수준의 향상(연구실, 도서관 등)은 막대한 재정을 요하며 프랑스는 기타 북부 유럽 국가에 비해 뒤쳐져 있는 실정이다(독일 대학 도서관 도서 보유율은 1억2,200만 권에 달하지만 프랑스는 3,000만 권에 불과하다). 풍요로운 문화 환경(극장, 콘서트장, 영화관, 사교 장소)은 유럽 국가의 아카데미 전통의 일부이다.

분권화의 한계는 일부 권위 시설(지역 위원회, 회의장, 오페라 극장 등)의 무분별한 건설로 나타났다. 예를 들어 1980년, 1990년대 몽뻴리에와 님므(Montpellier-Nîmes) 간의 경쟁으로 인해 각 도시마다 전위적이며 활용도가 떨어지는 건축물을 건설하게 되었다〔몽뻴에의 코럼(Corum de Montpellier)〕. 당시 파리의 색채가 프랑스 전역에 전달되었다.

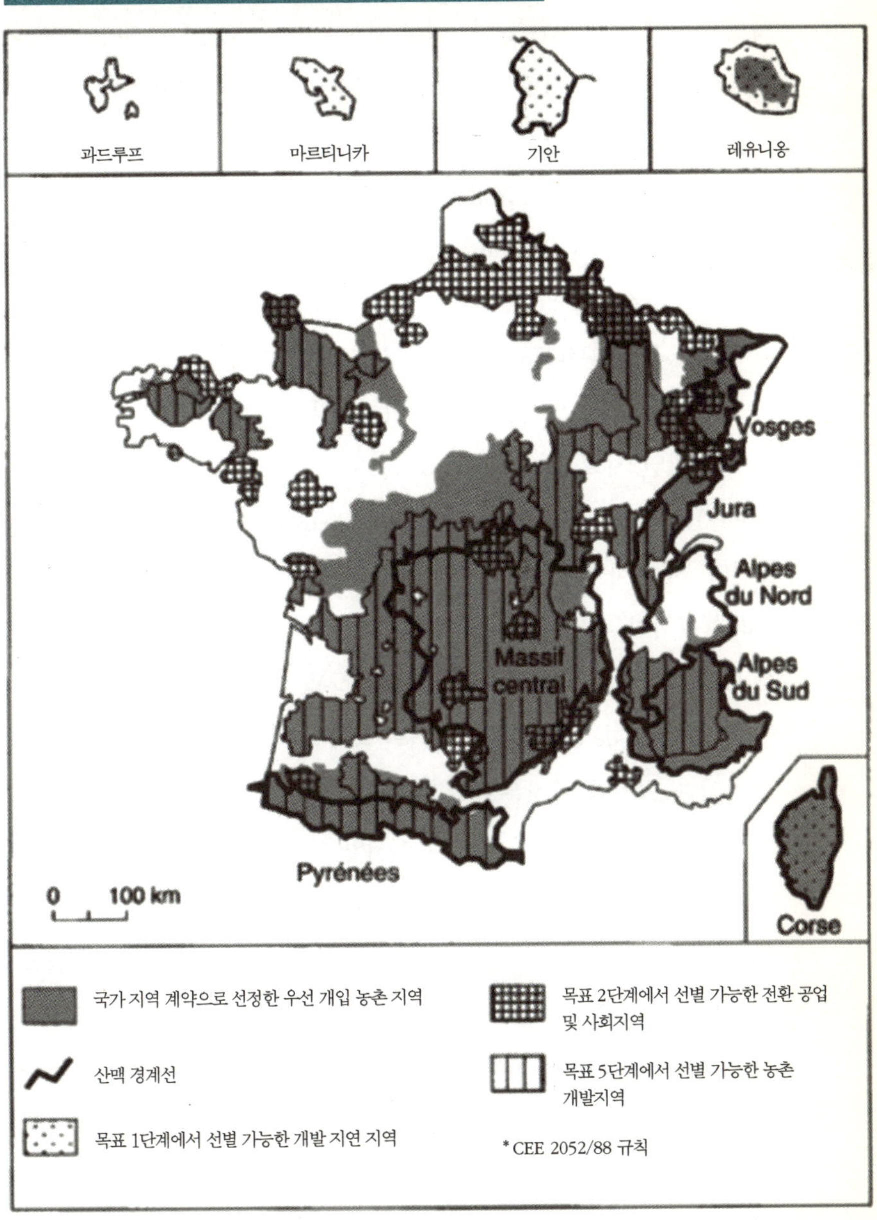

자료제공. DATAR. 1989년

분권화 법안 및 시행령은 시도(프랑스의 96개 시도 및 해외의 5개 시도)
에 농촌지역 정비 지원을 일임하고 있지만 산악지대, 도서지대 및 일부
산업지대와 같이 불리한 지역을 통해 유럽연합에 일임하고 있다.

2) 비난의 대상이 된 프랑스 지역

10여 년 전부터 DATAR와 일부 계층에서 프랑스 지역이 너무 좁다
는 의견을 제시하고 있다. 이를 입증하기 위해서는 대다수의 입안자들에
게 묘책을 동원해서라도 기타 유럽의 역동적이며 경쟁적인 국가에 비해
프랑스가 소외되고 있다는 사실을 밝혀야만 했다. 1989년 당시 국토 정
비부 장관인 쟈끄 쉐레끄(Jacques Chérèque)는 로제 브뤼네(Roger
Brunet)의 의견을 수용해 '파란 바나나'(banane bleue)라는 개념을 공
표한다. 파란 바나나라는 개념은 영국 남부에서 라인강 유역을 지나 이
태리 북부까지 이어지는 유럽 대륙의 핵심을 구성하는 지역을 일컫는다.
실제로 이 도표는 인구, 고용의 집중 현상을 강조하는데 그치며 프랑스
일 드 프랑스(l'île-de-France) 지역의 국제적인 면모는 의도적으로 간과
하고 있다. 그 이후 주장은 논리적이다. 프랑스는 잘 통합되지 않은 분산
된 국가이므로, 아름다운 이름의 대서양 아치(Arc atlantique), 지중해
아치 혹은 지중해 대로[Arc (ou boulevard) méditerranéen], 파리-리용-
지중해선(Paris-Lyon-Méditerranée / PLM)과 이들 사이에 있는 혐오스
러운 불모의 대각선(Diagonale aride)을 지역별로 통합하여 경쟁력을 강
화해야 한다는 것이다. 일부 지역 대표, 예를 들어 뿌아뚜(Poitou) 혹은
랑그독 (Languedoc)의 경우, 이를 일종의 승진으로 받아들이면서 열광
했지만 투자가 지역위원회 혹은 지역 도청 소재지에 의해 이루어지는
만큼 지역 차원에서 상당한 저항이 있었다.

3) 과연 시군은 생존할 가치가 있을까

프랑스 대혁명 전 교구의 후예인 프랑스 36,711개의 시군은 유럽 기타 국가들과 비교할 만한 숫자를 자랑한다. 프랑스 및 유럽연합의 법률학자 및 고위 공직자들은 시군의 수가 높을 뿐만이 아니라 비효율적이라고 지적하고 있다. 하지만 1960년 1970년대 통합 움직임이 강렬하게 일어났지만 별 다른 성과를 거두지 못했다. 지역 위원회 활동이 혼란을 겪어 오히려 통합했던 시군을 분리해야 하는 경우마저 발생했다. 프랑스의 시군에 대한 감상적인 애착은 일찍이 시군에게 자유를 부여해 농촌 지역을 편극화(pole)한 기타 유럽 국가(베네룩스, 독일, 북부 이태리 등)에서 찾아보기 힘든 것이다. 주민 각자가 시민의식과 책임의식을 발현할 수 있는 화목한 지역 단위들로 약 4,000개의 인구 100명 미만의 시군에서 9명의 지역 단체장을 선출할 수 있다.

소규모 지역 단위에서 도로 정비, 산림 관리, 원예 관리 등 농촌 지역 운영에 필요한 각종 소단위 국토정비를 자체적으로 담당한다. 개인주의와 기술관료주의가 팽배한 현대 시대에 부적절해 보일 수 있지만 지자체의 책임감 있는 활동을 위해서는 필요한 것이다. 뿐만 아니라 프랑스 정체성을 구성하는 주요 요소이다.

그리고 자체적으로 해결할 수 없는 문제의 경우, 이웃 지역의 도움을 받을 수도 있다. 상하수도 관리, 통학 관리, 폐기물 수거, 도로 공사 등의 문제들을 시군간 공동 소명 노조(syndicats intercommunaux à vocation unique / SIVU) 혹은 시군간 다수 소명 노조(syndicats intercommunaux à vocation multiple /SIVOM)에서 처리한다. 1992년부터 일부 시군 공동체에서는 농촌 지역보다 도시 지역에서 세수가 풍부한 고용세 등 일부 세입을 공동 운영하고 있다.

총 327개의 지구(districts)와 9개의 도시 공동체(communautés urbaines)는 보다 조화롭게 기능을 하는데 가장 중요한 밀집지역이 된다. 시군에서 이들 단위에 국토정비 및 도시 정비 계획(schemas directeurs d'aménagement et d'urbanisme / SDAU) 혹은 토지 점유 계획(plans d'occupation des sols / POS), 부동산 자산, 활동 구역 등을 관리할 권한을 양도하기 때문이다.

3. 분권화 평가

데페르 법안(loi Defferre)을 도입한 지 15년이 지난 현재 분권화가 정착했는지와 그 장점을 감지할 수 있는가?

분명한 것은 지자체, 광역단체, 지역단체 등 지방 국토 기관들의 권한이 국토정비뿐만 아니라 기타 분야에서도 강화되었다는 것이다. 현재 지자체 예산은 정부 예산의 절반에 해당하는 것이다. 이 같은 새로운 관행을 도입하면서 각종 낭비 및 불필요한 지출 또는 정당 재정 관리법이 1988년에 들어서야 도입됨에 인한 각종 부정부패 등 바람직하지 못한 과잉 현상이 발생하기도 했다.

중앙 행정 당국에서는 각종 자료 및 현안에 대해 가장 잘 이해하고 있다고 생각하며 분권화 과정을 최대한 늦추고 있다. 일부 부대시설물(공항, 회의장, 도로 등)과 관련하여 지방 혹은 광역단체장과 도지사 간의 갈등이 그 증거가 된다. 전반적으로 프랑스는 거의 5세기 동안 계승된 정치체제인 중앙집권주의에서 서서히 벗어나고 있다. 프랑스는 국가의 개념을 약화시키며 지역 및 유럽연합 차원에 특혜를 제공하는 각 지역으로 구성된 유럽이라는 개념을 수용하지 못하는 듯하다. 비슷한 정치사 및 국토사를 지닌 영국과 함께 프랑스는 독일, 이태리, 벨기에 등 최근 통합되어 국가라는 개념이 보다 은밀하며 논의의 대상이 되고 있는 국가들과 차이를 보인다.

1995년 제정된 국토정비법, 일명 빠스까 법안(loi Pasqua)은 각종 정치 단체, 협의체, 중·고등학교, 대학에 이르기까지 사회 전반에서 1년 간의 격렬한 논의를 거쳤다.

법률을 마련하며 국토 정비가 단지 기술관료들에 국한되지 않는 범국민적인 관심사라는 것을 알 수 있었다. 국토정비법은 농촌 지역의 중요성을 감안하는 보다 효과적인 국토 관리 원칙 초안을 마련하고 있지만 명확한 정책보다는 일종의 의도를 나열하는 계획 정도에 그치고 있다.

〈표 5〉 프랑스 내 인구 이동

0   100 km
1990-1999 인구 이동 결과 분표율(%)
0,35 ; 1,10   0,00 ; 0,35   -0,20 ; 0,00   -1,00 ; -0,20

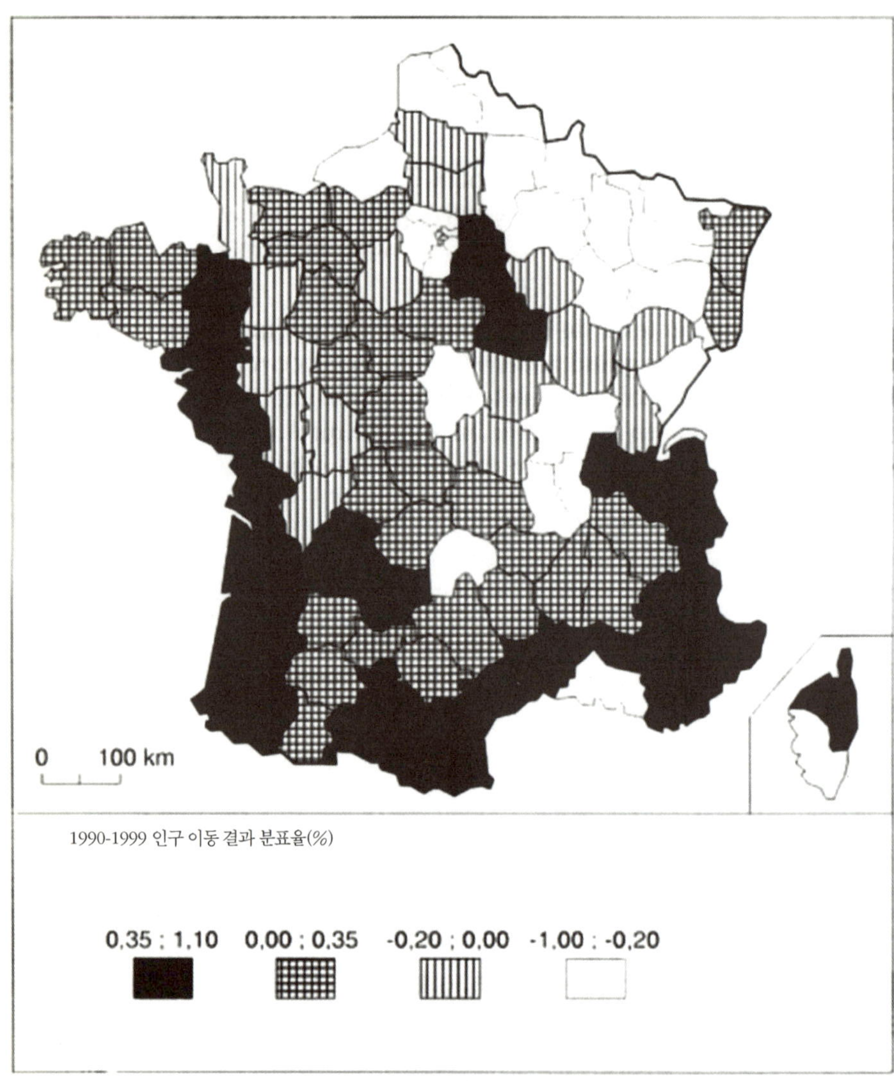

제공 : INSEE

* 유우익(서울대학교 지리학과)교수와
   쟝 로베르 삐뜨 총장과의 특별대담

서울대학교 지리학과 유우익 교수는 2004년 10월 3일 세계지리축제(FIG, Festival International de Geographie)가 열리고 있는 프랑스 Saint-Die-des-Vosges 중심가의 한 호텔 까페에서 프랑스 소르본대학 총장이며 세계적인 문화역사지리학자인 쟝 로베르 삐뜨 교수를 만났다. 두 지리학자는 각기 파리-소르본 대학의 총장으로서 그리고 세계지리학회 부회장으로서 주최측의 초대를 받아 이곳에 와 있었다. 두 사람은 개인적으로는 오랜 동료이자 친구 사이이다.

유우익 : 조선일보 세계석학과의 만남 시리즈의 일환으로 대담을 하게 되었다. 시간을 내어주어서 고맙다. 연구실이나 집무실이 아닌 여기 (Saint-Die)에서 만나니 더 반갑다. 요즘 어떻게 지내는가?

삐뜨 : 대학총장이란 새롭고 어려운 일이다. 그리고 알다시피 지금은 변화의 시대이다. 완강한 제도의 틀 안에서 임기 안에 개혁을 하려고 노력하고 있다. 인사개혁은 어느 정도 성공한 것 같다. 그러나 역시 힘이 든다. 때론 연구와 교육에 전념하는 평교수로 돌아가고 싶다는 생각을 하기도 한다. 3년 반 남았다. 총장이 단임이라는 것은 정책의 일관성유지가 어렵다는 약점도 있지만, 재선 등 주변에 신경쓰지 않고 소신대로 업무를 추진할 수 있다는 이점도 있는 것 같다. 특히 재정여건의 개선에 많은 노력을 기울이고 있다.

유우익 : 세계의 모든 대학들이 개혁의 진통을 겪고 있는 것 같다. 세계화 추세나 지식기반사회로의 진입을 내다보면 그것은 불가피한 것이기도 한 것 같다. 재정난 극복을 위해 동경대도 최근에 국고의존으로부터 벗어나기 위한 제도적 보완을 시도한 바 있다. 사실은 서울대학도 다르지 않다. 파리-소르본에서는 구체적으로 어떤 노력들이 이루어지고 있나?

삐뜨 : 대학의 학문적 수월성은 재정과 직결되어 있다. 그런데 대학재정을 정부에만 의존하고 있다는 한계를 극복하는 것이 과제이다. 사회로부터의 기여를 늘리는 방안을 모색하고 있지만, 역시 한계가 있다. 학생들이 실질적으로 등록금을 내야 한다는 견해도 설득력을 얻고 있다. 결국은 대학기능의 최종 수혜자인 국가와 사회, 그리고 학생이 부담을 나누어져야 할 것으로 본다.

유우익 : Saint-Die FIG 에는 20,000명 남짓한 산골 소도시에 45,000명이 오는 큰 축제가 됐다. 당신은 이 축제의 초기에 학술위원장을 맡은 적이 있다. 아무런 특별한 것이 없는 산골 소도시의 이 축제가 이처럼 성공한 가장 주요한 요인은 무엇인가?

삐뜨 : 그렇다. 관광도시가 될 수 있는 조건을 아무것도 갖추지 못한 이곳에 주민의 배나 되는 관광객이 몰려드는 것은 사실 기적 같은 일이다. 25년째 시장을 맡고 있으면서 이 축제를 개발하고 혼신의 힘을 기울여 키워온 Christian Pirret 씨 내외의 노력이 가장 중요한 성공 요인이라고 할 수가 있다. 주민의 호응을 끌어내고 거의 전 부문에 주민자원봉사자를 동원해 내었다던가, 지방에서와 파리에서 많은 후원단체를 확보해 낸

것이 또한 큰 힘이 되었다. 그 중에 특히 언론의 적극적인 참여와 관심을 모은 것이 단기간 내에 국제화시키는데 크게 기여하였다. 다음으로 프랑스와 이웃나라 지리학자들이 적극 참여하여 지원하고 학술행사와 대중행사를 매력적으로 조화시키도록 이끈 것이 또한 성공 요인이다. 예를 들자면 해마다 새로운 guest country를 선정하여 문화를 소개하고, gastronomy와 결합시킨 것이 인기를 얻었다. 그리고 마지막으로 '배수의 진'이랄까, 달리 개발의 가능성을 보지 못하고 있던 주민들이 합심하여 노력한 것을 들 수 있다. 시장의 리더십과 전문집단의 지원, 그리고 주민들의 정성이 축제를 만들어 가고 있다고 해야 할 것이다.

유우익 : 축제가 즐거운 것이고 성공한 축제 이야기 또한 신나는 것이지만, 실은 당신에게 더 묻고 싶은 것이 있다. 요즘 한국에서는 수도를 서울에서 공주-연기 부근에 신도시를 건설하여 옮기려는 정부의 정책을 둘러싸고 논쟁이 한창이다. 여기에 대해 좀 얘기를 나누었으면 한다. 수도란, 그리고 그 입지란 도대체 어떤 의미를 갖는 것인가?

삐뜨 : 한 나라의 수도란 통치기능이 입지하고 있는 도시를 말한다. 그러나 그것만이 아니다 오히려 더 중요하다고 할 수 있는 의의는 그곳이 국가를 대표하고 국민을 통합시키는 장소라는 것이다. 국가나 국기와 같이, 함께 사는 것, 그리고 그것에 대한 소망과 사랑을 상징하는 것이다. 일반적으로 말하자면 그래서 수도는 국체의 변동이 있거나 영토상의 현저한 변경이 있을 때 이전할 수가 있다. 유고슬라비아, 터키의 예를 들 수 있다. 그러나 그런 때도 반드시 그래야 하는 것은 아니다. 정통성이나 정체성의 유지라는 면에서는 오히려 수도를 지키려고 할 수도 있다.

유우익 : 당신은 한국을 직접 연구하기도 했지만, 한국인 제자를 여럿 가르치고 프랑스 제자를 한국에 보내 연구시켜 한국 전문가로 길러내기도 하였다. 한국을 이해하고 사랑하는 학자로서 찬반이 엇갈리고 있는 수도 이전 정책에 대해 의견을 줄 수 있겠는가?

삐뜨 : 한국의 수도 이전에 대해 말하는 것은 조심스럽다. 그것은 한국인들의 문제이고 또 나는 한국을 한국인만큼 잘 안다고 할 수 없기 때문이다. 그럼에도 불구하고 내게 개인적인 의견을 말하는 것이 허용된다면 솔직히 썩 좋은 아이디어는 아닌 것 같다고 말할 수 밖에 없을 것 같다. 서울은 6세기에 걸쳐 한국인들을 통합시켜온 도시였다. 당시 왕실과 조정에서 풍수사상을 빌어 그 입지가 국가발전을 위해 매우 길하다고 하였던 것에 유의할 필요가 있을 것이다. 그것은 두 가지 의의를 갖는다고 할 수 있다. 하나는 국민 정서를 하나로 통합하기 위한 방편이었고, 이것은 성공하였다. 다른 하나는 서울이 실제로 수도의 기능을 완벽히 해내고 있는 훌륭한 입지라는 점이다. 사실 자연적으로나 인문적으로나 서울만큼 훌륭한 입지를 갖춘 대도시는 세계적으로도 드물다고 본다. 이점에서 서울을 대체할만한 도시는 한국에 다시 없다고 본다. 평양은 결코 그에 미치지 못한다. 더구나 신도시라면 더 말할 필요가 없을 것 같다.

유우익 : 수도입지의 일반적 요인 이외에 특별히 통합기능을 강조하는 것은 분단과 통일이라는 한국의 특수상황을 의식해서인가?

삐뜨 : 한국인과 함께 세계가 기대하듯이, 그리고 유 교수나 내가 희망하듯이 한국이 언젠가는, 아니 어쩌면 조만간에 통일될 것이다. 그 때 분열

되어 살아온 한국인들의 마음을 하나로 모아 줄 곳이 서울이다. 북한 주민들도 서울에 돌아오는 것을 기뻐할 것이다. 그런 의미에서, 즉 분단상황을 두고 수도를 서울에서 다른 곳으로 옮긴다는 것은 현명한 선택이라고 볼 수 없다는 말이다.

유우익 : 수도이전을 추진하고 있는 한국의 정부 여당 측에서는 서울과 수도권의 집중이 과밀상태가 도를 넘어 국가발전에 불균형을 초래하고 있으며, 이를 해결하고 균형발전으로 나가기 위한 유일한 수단이 수도이전이라고 보고 있다. 이런 주장에 대해서는 어떻게 생각하는가?

삐뜨 : 물론 나름대로 일리가 있는 주장이다. 그러나 수도의 이전에 고려해야 할 요인이 공간정책에만 국한 되는 것은 아니다. 그것은 앞에서 말한 대로 역사와 문화의 문제이며 국가 기능의 전반에 걸친 문제이다. 그리고 지금 제시된 신수도 입지로는 기대하는 만큼의 분산효과가 있을지도 의문이다. 사실상 수도권에 연접한 곳이기 때문에 서울로의 집중을 완화시키기 보다는 오히려 수도권의 집중과밀을 평면적으로 늘리는 효과를 가지게 될 수도 있다. 예컨대 서울과 신수도 간에는 통근 교통량이 엄청나게 늘어날 것이고 이는 두 도시 사이의 지역에 시가지화를 촉발시키는 쪽으로 작용하게 될 것이다. 그것은 공간적 과밀의 팽창을 의미한다. 처방이 극단적인데 비해 효과는 미미하거나 오히려 다른 문제를 야기할 가능성까지 배제할 수 없다는 말이다.

유우익 : 프랑스도 중앙집권적인 체제하에 모든 기능이 파리에 집중되어 있다. 혹시 파리의 집중을 분산시키기 위해 수도이전에 대해 논의를 한

적이 있는가?

삐뜨 : 프랑스에서는 두 번의 수도이전이 있었다. BC 50년 경에 골 (Gauls)은 리용을 수도로 삼았다. 그리고 로마제국 이후 10세기 경에 파리로 옮겨왔다. 루이14세는 파리에서 25km 떨어진 베르사이유에 성곽과 도시를 건설하고 수도를 이전하였다. 파리를 둘러싸고 있는 적대적 영주들과의 갈등과 투쟁의 산물이었다. 그러나 그것은 곧 실패로 끝났다. 1789년 프랑스혁명이 일어나자 수도는 바로 파리로 돌아왔고, 그 이후로 파리는 프랑스의 수도요, 유럽의 심장으로 세계의 사랑을 받는 도시로 발전하였다. 반면, 알다시피 베르사이유는 절대왕조의 유물, 아름다운 정원과 아픈 역사를 가진 박물관 도시로 남고 말았다.

대화는 그들을 알아보는 이들에 의해 몇 번 째 끊어지고 다시 이어졌다. 잠시 후 두 사람은 거리로 나섰다. 딱히 끼어드는 이들을 피해서라기 보다 토론이 열리는 시민회관으로 걸어가면서 얘기를 계속하기 위해서다. 알자스의 초가을 강변에는 축제에 온 사람들로 북적댔다. 그러나 얘기는 한결 편안하게 계속되었다.

유우익 : 내가 알기로 프랑스에서도 '70~'80년대에는 파리집중을 완화하기 위한 분산정책이 적극적으로 추진되었다. 지금은 어떤가?

삐뜨 : 집중과 분산에 관한 논의는 오래 전부터 있어 왔다. 1982년에는 마침내 분산 쪽으로 정치적 결정이 이루어졌고, 이후 실제로 많은 분산 시책들이 이루어졌다. 지방에 많은 부문의 의사결정에 관한 자율권이 부여되었고, 특히 재정 자율권이 신장되었다. 물론 권한과 함께 책임도 나누어지게 되었다. 지금은 지방자치가 상당한 수준에 이르렀다고 할 수

있다. 그러나 이러한 분권과 함께 추진되었던 각종 기능의 인위적인 공간적 분산에 대해서는 평가가 엇갈리는 것이 사실이다. 지금은 누구도 파리에서 무엇을 들어내어야 한다는 주장을 하지는 않는다. 파리가 프랑스의 심장이자 프랑스 문화의 쇼 윈도우로 중요하다는 것을 잘 알기 때문이다. 지나친 집중이나 과밀은 물론 불편을 수반한다. 그리고 그것을 관리하기는 어렵다. 그러나 그것이 현대사회의 현상이고 세계화를 수반하는 시장의 요구임을 또한 외면할 수도 없는 것이 현실이다. 다행히 과밀의 문제를 해결하기 위한 관리기술이 크게 발달하고 있다. 교통 및 정보통신의 수단과 체계의 개선이나, 환경오염의 관리기술이 크게 발달한 것은 그 예이다. 또한 이러한 대도시적 삶의 양식에 대한 사람들의 적응, 윤리와 태도의 변화도 문제의 완화에 상당히 기여하고 있는 것으로 보인다. 실제로 유럽의 대도시들은 분산정책을 더 이상 얘기하지 않는 분위기이다. 오히려 파리를 비롯하여, 로마, 런던, 베를린 등 메가로폴리스에서는 재집중이 이루어지고 있다고 보아야 할 것이다. 대도시적 삶의 양식, 그것은 바람직한 것인지의 여부와는 별개로 여전히 지속되고 있는 문화현상이다.

유우익 : 공간정책에 관해 나눌 얘기가 많지만 이 기회에 교육에 대해서도 한 말씀 듣고 싶다. 한국에서는 지금 고교평준화의 공과에 대한 논란이 한창이다. 그에 따라 대학교육이 영향을 받는 것은 물론이다. 이에 관해서도 역시 프랑스가 앞서 간 나라이다. 명문대학의 총장으로서 이에 대해 평준화에 대해 어떤 생각을 가지고 있나?

삐드 : 문제는 잘못된 동등사상(false idea of equality)에 있다. 정치적

기회 균등이라는 의미에서의 동등은 좋은 생각이다. 그러나 세상은 동등하지 않다. 보다 높은 성취 욕구를 가지고 열심히 일하도록 동기가 부여되지 않으면 안된다. 같지 않은 것을 같다고 가정하거나 그렇게 만들려는 의도를 체계적으로 제도화하는 것은 잘못이다. 그것은 열등한 이들을 위해서도 결코 좋지 않다. '선택'은 필요하고 불가피하다.

유우익 : 그 경우 학벌의 세습이 구조화될 우려가 있지 않을까? 메리토크라시(meritocracy)라고 하나? 그리고 그것이 계층이동을 제한하는 악순환으로 이어지면 어떻게 하나?

삐뜨 : 당신 맑시스트 같은 얘길하는구먼(웃음). 바로 그런 이유 때문에 교육에서 그 '선택'이 부모의 돈에 기초해서가 아니라 학생의 지적 능력에 기초하여 이루어지게 해야 하는 것이다. 유 교수가 알다시피 나는 우리 집안에서 바칼로리아를 처음으로 한 사람이다. 사회적으로 편안한, 지적인 환경에서 성장하지 않았다. 그러나 대학의 교수로 일하고 총장을 하고 있지 않은가?

유우익 : 한가지만 더 묻겠다. 소르본 대학에 공간문화연구소를 운영할 만큼 공간문화에 대해 특별한 생각을 가지고 있는 것으로 알고 있다. 이 기회에 한국 공간문화에 대해 직설적인 충고를 부탁한다.

삐뜨 : 유 교수가 알다시피 나는 한국을 무척 좋아한다. 그리고 한국인의 깊은 정과 문화의 깊은 맛에 탐닉하기를 즐긴다. 한국의 자연경관에서 나는 내 고향 브르고뉴에서와 같은 정취를 느낀다. 지난 한 세대 동안 한

국인들이 이룬 발전에 대해 경탄하지 않는 이가 없을 것이다. 다만, 내게
군이 덧붙이는 것이 허락된다면 이제는 다시 한국문화의 특질을 현대적
으로 살려내는 쪽에 더 노력을 기울일 때가 아닌가 한다. 조화야 말로 한
국문화의 특징 아닌가? 공간에 있어서도 마찬가지일 것이다.

유우익 : 바쁜 시간에 이것 저것 성실히 이얘기해 준 데 대해 감사한다.
질문을 지나치게 직설적으로 하였더라도 이해해 달라. 모처럼 시간을 내
었으니 축제를 즐기기 바란다. 또 만나자.

3_ No! 수도이전 - 신수도 건설은 기만이다

이치카와 히로오(市川宏雄)_ 일본 메이지대학 교수

이치카와 히로오 교수 약력
현재   일본 메이지대학 공공(公共)대학원 교수
약력   도시정책, 도시지역계획학 박사, 동대학원 거번넌스연구과장
『No! 수도이전 - 신수도 건설은 기만이다』외 다수의 저서와 논문이 있음

본 자료는 2004년 9월 14일, 서울특별시의회에서 강연한 내용입니다.

1. 동경 일극집적 해소와 지방 균형발전

우선, 오늘 이 자리에서 강연할 수 있도록 초대해 주신 점 진심으로 감사 드립니다.

저는 과거 10여 년 간에 걸쳐 일본의 수도 이전에 관한 문제를 다루어왔습니다. 그럼, 이제까지의 수도 이전의 경위와 이전문제를 어떻게 반대하면 좋을 지, 우리들, 다시 말해, 동경에 살면서, 동경을 깊이 사랑하는 사람들을 지칭합니다만, 그 경험을 말씀드리고자 합니다.

일본에서는 1990년 11월에 국회에서 초당파적으로 여당과 야당 의원의 찬성다수결로 '수도기능 이전'이 결의되었습니다. 정식으로 이것을 '국회 등의 이전'에 관한 결의'라 칭합니다. 그 당시 일본 경제는 버블이라 불리는 호경기로 동경으로의 일극집중이 가속되고, 사람, 돈, 물건이 동경으로 집중되고, 대도시 문제가 염려되는 상황에 이르렀습니다. 이 결의에는 이전하는 이유로서 몇 가지가 제시되고 있습니다. 예를 들면, 중추기능이 동경으로 집중되어 있어 인구의 과밀현상, 토지가격의 급등, 생활환경의 악화, 재해 발생시 도시기능 마비 등이 발생하는 문제점 등이 지적되고 있습니다. 대도시 문제의 모든 것을. 그러나 실제로는 당시 급속히 진행되었던 동경으로의 여러 기능의 일극집중을 해소하는 것에 주안점을 두었습니다.

이 의론의 포인트는 크게 두 가지가 있습니다. 하나는 일극집중에 의해 지방의 쇠퇴를 일으킨다는 점입니다. 또 하나는 동경에서는 정체나

혼잡 등이 악화된다는 도시문제의 심각화입니다. 국회 등의 이전에 의해, 이들을 해결한다고 하는 논리인 것입니다. 그러나 유감스럽게도 '90년의 국회 결의 이후의 장기간에 걸친 의론 중에서 그 사고의 타당성이 입증되었다고는 도저히 생각할 수 없습니다. 그리고 10년 이상이 흘러 버렸습니다.

그동안, 정부는 1992년에 이전을 위한 법률을 제정하고, 2년에서 3년의 기한으로, 이전간담회, 이전조사회, 이전심의회 등을 차례로 설치하고 하나하나씩 이전준비를 진행하였습니다. 그 당시는 국민의 대다수가 이전의 움직임을 모르는 가운데, 이전을 추진하는 위원이나, 그에 관련된 단체가 거의 이전이 실현되는 것처럼 활동을 진행했습니다. 실은 1990년대 전반에 정부가 행한 국민을 대상으로 한 앙케이트 조사 등에서는, 이전에 찬성하는 의견이, 의견에 반대하는 의견보다 많았습니다. 그런 결과가 나온 것은 이전이 동경으로의 일극집중에 의해 발생하는 대도시문제를 해결할 수 있는 좋은 점만 강조되었기 때문에 사정을 잘 모르는 대다수 국민이 찬성을 했기 때문입니다.

그러나, 90년대 후반이 되자 대도시문제의 해결에는 별다른 효과가 없는 점, 신도시건설의 비용이 막대하다는 점, 게다가 '균등한 발전'이라는 일본 국토 발전에 놓인 대전제에는 이전이 아무런 기여도 하지 않는 것이 명확해지기 시작했습니다. 그 결과 이전에 찬성하는 사람수가 줄어들었습니다. 정부는 정기적으로 행하고 있던 이전에 관한 앙케이트 조사를 그 후 그만두고 말았습니다.

대도시문제는 사람이나 물건이 집적(集積)됨으로 인해 발생합니다. 이것은 세계 공통현상입니다. 동경의 과밀화에 따른 문제로서, 진로의 혼잡, 만원전차나 원거리통근, 원거리통학, 주택부족, 폐기물처리, 물이나 에너지의 공급부족 등의 문제가 있습니다. 그 중에서 출퇴근 교통의 혼잡문제에 대해서, 정부가 생각하고 있는 신도시 규모를 토대로, 수도기능이 이전되었을 경우의 완화효과를 저는 정량적으로 검증해 보았습니다. 1990년 시점에서 200%에 달하고 있는 동경의 야마노테선의 출퇴근 시간의 혼잡율이, 이전하면 그저 3% 저하될 뿐이었습니다.

정부가 목표로 하고 있는 혼잡율 180%에는 아주 먼 197%의 예측치가 되었습니다. 그런데, 정부가 수도이전과는 관계없는 책정을 하고 있는 철도의 정비를 실행하면 이전을 하지 않아도, 15년간 30%나 내릴 수 있음을 예측할 수 있습니다. 즉, 수도기능이전에 의한 통근혼잡은 거의 개선되지 않는 것이 명확해졌습니다. 이 숫자를 봐도 알 수 있듯이, 양적완화라는 관점에서는 수도이전이 대도시 문제를 해결한다는 주장에는 설득력이 없습니다.

2. 60만 수도이전으로 전 지역이 균형발전을 가져온다면

3300만의 인구를 지닌 수도권 중에서 얼마 안되는 60만 명 정도에 불과한 2%에도 미치지 않는 인구를 이동시킬 뿐이므로, 너무도 효과가 적다는 것은 누가 봐도 당연한 것입니다.

이전 비용에 대해서는 어떨까요? 일본에서는 당초에 정부는 이전하는데 14조 엔이 든다고 발표했습니다. 그러나, 낭비라는 비판을 받아, 12조 3천 엔으로 수정하였습니다. 그러나 저희들이 면밀한 계산을 해보니, 적어도 20조 엔을 넘는 결과가 나왔습니다. 그리고, 실제로는 그 이상의 코스트가 드는 것이 확실해졌습니다.

가장 큰 문제는, 수도이전이 지역 간의 균형 있는 발전에 기여하는 점입니다. 분명히, 물리적으로는 현재의 일극집중된 수도의 기능을 타 지역으로 옮기는 것에 효과가 있는 것처럼 생각됩니다. 그러나, 지금의 수도를 다섯이나 여섯으로 나누어 국토 전체로 재배치할 수 없기에 결국 이전할 곳으로만 이익이 발생하며, 이전하지 않는 그 이외 지역에서는 GDP(국내총생산)를 밑도는 현상이 발생합니다. 이에 대해서는 저희들도 산업연관표를 사용하여 계산해 보았습니다만, 이전 때문에 각 지역이 자금을 제출하게 되므로, 국가전체의 GDP(국내총생산)가 내려가는 것입니다. 20년 간의 누적으로 14조 엔이나 감소한다는 계산결과가 나왔습니다. 건설비를 포함한 위에 더욱이 건설비에 필적(匹敵)하는 적자가 발생하는 것입니다.

균형있는 발전이라는 시점에서 건설한 브라질리아는 그때까지 수도였던 리오데자네이로로부터 940㎞나 되는 거리였습니다. 이 정도의 거리라면 균형있는 발전이라고 하는 사고로부터 이전의 효과를 기대하는 것은 아마도 가능하겠지요. 그러나 브라질과 달리, 일본과 같은 좁은 국토에서는 그 의미가 없는 것입니다. 실은 그 보다 심각한 문제는 국내만으로 분배의 구도, 즉, 균형 있는 발전을 생각하고 있으면, 외국의 도시나 나라와의 경쟁에서 이길 수 없게 되어버릴 수가 있습니다.

일본에서도 이전에 대한 구상은 과거 50년 동안 20가지 이상의 제안이 있었습니다. 하지만 이전에 대한 결정은 간단하나 그것을 정말로 실행에 옮기는 것은 국가의 행로를 좌우해버리는 위험이 있습니다. 과거에 수도이전을 실행하고 그에 따른 효과가 있었다는 국가에 대해서는 이전이 행해진 시점에서의 그 국가의 발전단계를 보는 것이 중요하다고 할 수 있습니다. 워싱턴, 캔버라, 브라질리아 세 곳이 대규모의 이전을 한

예입니다만, 앞의 두 곳은 역시 미국, 오스트레일리아라는 국가의 탄생에 합쳐진 것으로, 본시 성숙을 이루는 국가의 예로는 전혀 걸맞지 않은 것입니다. 그리고 성숙을 향한 국가에서 성공한 예는 실제로 없습니다. 그럼, 브라질리아는 어떨까. 이것은 국가의 탄생이라는 단계보다 조금 후가 됩니다만, 건설에 막대한 비용이 들고, 그 후 장기간에 걸쳐 국가재정이 파탄나고, 또한, 그것을 실행한 대통령은 나라를 망치게 된다는 사실을 잊어서는 안됩니다. 게다가 더욱 심각한 것은, 국가의 요람기(搖籃期)에 수도를 건설하면, 문화도 미숙한 레벨부터 키우면 좋겠지만, 이미 수천 년의 성숙한 문화를 지닌 국가라면, 지금까지의 수도문화의 레벨을 새로 탄생시키는 것은 신도시에서는 매우 어려운 것이 명확합니다. 무엇보다 인공적인 소규모의 도시일 뿐이니까요.

여기에, 지역간의 균형있는 발전정책의 현실을 조금 자세히 열거하겠습니다. 일본에서는 이 정책 덕에 중앙정부의 보조금 등에 의해 지방에 훌륭한 고속도로가 깔리고, 국제교류회관 등 다양한 공공시설이 많은 지역에 그것도 공평하게 건설되었습니다. 훌륭한 지방정부의 청사도 돋보입니다. 지방 산업을 육성해 활성화를 도모한 것입니다.

그런데, 기반시설이나 공공시설이 완성되었는데도 대도시의 번영과 쇠퇴라는 구도에 큰 변화는 생기지 않았습니다. 오히려 지방의 쇠퇴는 진행되고 있습니다. 왜냐하면, 신칸센의 개통이나 고속도로의 정비로 인해 사람들은 간단하게 대도시로 갈 수 있게 되었기 때문입니다. 이것을 스트로 (straw : 빨대)효과라 칭합니다.

지방의 훌륭한 고속도로에는 그다지 자동차가 통행하지 않는데 대도시권에 있는 고속도로는 변함없이 심하게 지체합니다. 전국고속도로 네트워크망이라는 멋있는 이상도(理想圖)는 현실의 교통량을 무시한 것임을 알 수 있습니다. 그럼 왜 대도시권에 지체가 일어나는가. 그것은 그곳에서 산업활동이나 도시활동이 지방과 비교해 극단적으로 많기 때문입니다.

이러한 대도시권에서 기반정비를 게을리 하면 어떻게 될까. 그것은 결과적으로 대도시권의 산업에 수익을 올리고, 그것을 중앙정부가 발전이 늦어진 지방으로 분배하는 구조가 파탄나는 것을 의미합니다. 왜냐면, 부를 만들어내야 할 대도시권에서의 활동이 비효율적이 되기 때문입니다.

일본의 국토계획에는 오랫동안 지역간의 균형있는 발전이 가장 중요한 명제(命題)로 되어 왔습니다. 1962년에 제 1차 전국종합개발계획(전총계획이라 칭합니다)이 책정된 이래, 그 후 제 2차, 제 3차, 제 4차의 전총계획에서도, 표현은 바뀌었습니다만, 언제나 지역 간의 균형이라는 형태로 대도시와 지방의 밸런스를 취하는 정책이 책정되어 왔습니다.

그러나, 1999년 제 5차 계획에서는 어느새 이러한 개념이 대폭 후퇴되었습니다. 제 1차 책정으로부터 37년이 지나버려, 대도시에의 집적이 진행되는 것은 경제 메커니즘에 있어서는 당연한 것이며, 헛되이 나라가 지방의 개발을 외쳐도 그 외침이 이루어지지 않음을 알았기 때문입니다. 오히려 대도시로의 집적을 정책적으로 누르고 있으면 그 대도시 그 자체가 쇠퇴되어 버리는 위험성을 알게 된 것입니다. 그 가장 큰 이유는 국제경쟁력이라는 단어에 상징되어 있습니다. 이미 국내 레벨에서의 부의 분배로 으르렁거리는 것이 아닌, 경쟁해야 할 상대는 국외에 있습니다.

수도인 동경에서는 1958년에 동경으로의 집중을 막기 위해 공업등제한법이라는 법률을 시행하였습니다. 동경에서의 공장의 입지와 대학의 입지를 금지한 것입니다. 그런데, 1990년대 말경에 분산정책에 의한 한계가 나타나는 가운데 2003년에 이 법률은 철폐된다는 역사적인 일이 일어났습니다. 그것은 동경의 활동을 줄이는 것에 대해서는 국가의 운영에 영향을 미친다는 위기감이 많은 사람들에게 통했기 때문이다.

그럼, 왜, 중앙정부의 강한 뒷바라지가 있었음에도 지방에서의 산업이 생각처럼 키워지지 않았을까요. 그것은 실은 산업구조의 변화에 있습니다. 초창기에는 전총계획에서 지방의 활성화는 공업화를 추진하는 것으로 짜졌습니다. 물이나 전기 등의 인프라(infrastructure)를 정비하고, 공업단지를 만들어 민간기업의 유치를 지향했습니다.

그런데 유감스럽게도, 대다수의 공장은 노동력이나 입지 코스트를 찾아 세계로 퍼져 나가버린 것입니다. 그에 대한 반성으로 1980년대 중반의 제4차 전총계획에서는 지방의 활성화를 탈 공업화에 의한 사무기능으로 실현하려 했습니다. 그러나 이것도 생각처럼 되지 않았습니다. 정보화 사회에 있어 도시나 지역의 발전은 점점 스케일(scale) 매력, 즉, 규모의 이익이 필요해지기 때문입니다. 수도인 동경의 존재가 지금의 일본에 있어서 얼마나 중요한가를 알 수 있습니다. 그건 정치와 경제 중심이 근접해 오고, 공적 분야와 민간 분야에 의해 신속한 정책결정이 가능해지기 때문입니다.

이렇게 설명해 주면 알 수 있듯이 「균형 있는 발전」이란, 국민전체가 풍요로워지는 의미로, 지극히 중요한 개념인 것은 알 수 있습니다만, 투입된 코스트에 맞는 이상의 도시활동을 비롯한 생산력이나 성과가 오르지 않으면, 단순한 책상 공론으로 끝납니다. 나라의 재정이 풍부하다면, 크게 움직이는 것도 가능하겠지만, 경제 상황이 어려워지면, 그렇게 쓸데없이 낭비할 수는 없습니다.

3. 수도를 괴롭히면 나라 전체의 활력을 잃을 수도

수도이전으로 균형있는 발전을 추진하려는 주장은, 누가 보아도 타당한 이유로, 국민의 찬동을 얻기 쉽습니다. 그러나 지금 말씀드린 것처럼, 그 주장은 신도시 건설은, 마치 거대한 공장을 유치하는 것처럼 생각되어, 성숙한 사회에 있어서는 이미 시대착오적인 것을 아시리라 사료됩니다.

실제로 현재 수도의 대도시문제를 해결하기는커녕 수도를 괴롭히는 것 만으로 나라 전체의 균형을 도모하기는커녕 나라 전체의 활력을 잃어버릴 뿐입니다. 지금 일본에서는 그 점을 알게 되어, 대도시의 노후화된 기반정비를 시작으로, 도시 공간의 재생에 주력하고 있다.

또한, 남아프리카에서는 정부 기관을 국내 3곳에 분산시키고 있습니다. 확실히 수도기능은 균형되었습니다만, 그것이 발전할 수 있을지 어떨까, 큰 의미로 갈라지고 있습니다. 적어도 정치적 밸런스의 산물이라고 밖에 말할 수 없습니다.

그러면 지금까지의 내용을 정리해 봅시다.

1) 수도이전으로 일극집중이나 정체 등의 수도의 대도시문제는 해결되지 않습니다.

2) 그러나, 수도로 일극집중이 반드시 나쁘지만은 않습니다. 다양한 집적은 좋은 효율적 결과를 만들고, 나라 전체 활력의 원천이 되기 때문입니다.

3) 수도를 이전해서 나라의 균형있는 발전을 도모할 수 있느냐고 한다면, 이전할 지역 한 곳만 조금 활성화될 뿐 나라 전체로 본다면, 새로운 언밸런스를 만들 뿐입니다.

4) 수도이전으로 의해 국가가 번영될까요. 오히려 수도의 활력을 깎고, 그 외 비(非) 이전지의 경제력을 약하게 하므로 국가로서의 국제경쟁력을 잃을 가능성이 클 뿐입니다.

5) 수도이전은 국가에 있어서 중대사안인 만큼 왜 이전하는가의 이유를 명확히 하지 않으면 안됩니다. 그런 다음 이전하는 이점과 단점을 명확히 하는 등, 충분한 토론과 검증을 다하지 않으면 안됩니다.

6) 신도시의 건설비는 대부분이 공적 분야의 개발비로 사용되고 있으므로, 그 시설에 있어서 자금회수가 안되 커다란 부채가 됩니다.

7) 건설비는 투명성과 신뢰성 있는 결정을 하지 않으면 안됩니다.

8) 이전이라는 이름 뒤에 숨겨진 많은 모순을 명확히 하지 않으면 안됩니다. 이전의 효용만을 믿어서는 안됩니다. 성급한 행동은 나라의 장래를 위태롭게 합니다.

끝으로 이전에 대해 열거해 보았습니다. 일본에서는 정부는 수도기능의 이전이라는 언어를 사용하고 있습니다만, 실질적으로는 수도이전을 지향하고 있는 것이 명확하므로, 저희들은 수도이전 반대를 분명히 말하고 있습니다.

소리 높여, 분명히 이전에 대해 "NO!"라고 말하지 않으면 안됩니다. 그것을 우리들이 실행해 온 일본에서는, 지금은 새로운 수도를 만들자는 열기는 거의 꺼져가는 촛불처럼 작아졌습니다.

여러분의 건투를 빕니다.

* 최상철(서울대학교 환경대학원)교수와
이치카와 히로오 교수와의 특별대담

서울대 환경대학원 최상철 교수와 일본의 이치카와 히로오 교수가 한일 양국의 수도이전 논의에 관해 대담을 가졌다. 대담은 2004년 9월 14일 서울시의회 회의실에서 헌법재판소가 위헌결정을 내리기 이전에 이뤄졌다.

최상철 : 일본도 과거 수도이전을 추진하지 않았는가. 현재 어떤 과정에 있는가?

이치카와 : 일본은 1990년 11월에 국회 결의로 수도기능을 이전하기로 했다. 국회 결의 2년 후에 법률을 만들어 구체적으로 어디로 옮길 것인가, 왜 옮기는 것인가에 대한 논의를 본격적으로 시작했다. 한국처럼 갑자기 한 것은 아니다. 천천히 논의했고 결정했다.

최상철 : 이치카와 교수는 일본에서 수도이전 반대운동에 앞장선 것으로 알고 있다. 왜 반대했는가.

이치카와 : 수도이전론자는 수도이전이 세가지 효과가 있다고 주장하고 있다. 첫째, 도쿄 인구 집중(일극집중)의 해소이다. 둘째, 수도를 이전하면 지방분권에 도움이 된다는 것. 셋째, 도쿄는 지진이 많기 때문에 이전해야 한다는 것이었다. 하지만 이 세 가지 주장은 모두 거짓말이다.

최상철 : 일극집중해소라는 측면에서는 한국도 비슷한다. 지진 빼고는 한국의 수도이전 논리와 거의 동일하다. 한국에서도 수도권 집중분산(일극집중해소)에 동감하는 사람들이 많다.

이치카와 : 일극집중이라는 말의 의미를 생각해 보자. 대도시 문제는 사람이 몰려서 발생했다. 동경권에 3300만 명이 살고 있다. 이전 수도의 인구는 56만 명이고 도쿄 인구의 2%밖에 되지 않았다. 시뮬레이션을 해보면 수도이전은 일극집중해소에 전혀 도움이 되지 않는다.

최상철 : 한국에서도 지방분권을 촉진하기 위해 수도이전이 필요하다는 주장이 있는데?

이치카와 : 지방분권이라는 것은 쉽지 않다. 중앙 정부가 권력과 돈을 가지고 있어 지방분권이 이뤄지지 않고 있다. 일본 정부도 행정개혁(지방분권)이 지지부진하자 행정수도이전을 들고 나왔다. 하지만 돈과 권력을 나누어 주지 않고 수도만 이전한다고 지방분권이 이뤄지는 것은 아니다.

최상철 : 지진문제는 어떤가?

이치카와 : 후보지로 거론되고 있는 지역은 도쿄와 지진발생 가능성이 비슷하거나 더 많은 곳도 있다.

최상철 : 일본의 수도이전 논의가 사실상 중단된 이유는 무엇인가?

이치카와 : '96년에 새로운 법률을 만들어 이전할 곳을 정하는 절차를 논의했고 '99년 가을에 어디로 옮기겠다는 발표 직전 단계까지 갔다. 그때까지도 도쿄도는 드러내 놓고 반대를 하지 않았다. 후보지가 발표되는 등 구체적으로 논의가 이뤄지자 도쿄도가 맹렬하게 반대를 하기 시작했다. 도쿄도가 반대운동을 하면서 반대여론이 확산됐다. 정부가 수도이전의 이유로 내세우는 세 가지 명분이 설득력이 없다는 것에 시민들이 공감하기 시작했다. 일본 정부는 수도이전에 엄청난 돈이 들어가지만 비용을 축소해서 발표했다. 도쿄도는 정부에서 발표한 이전비용에 대해 조사를 다시했다. 조사 결과, 일본 정부가 건설 단가표를 낮추거나 비용을 뺀 것들이 많았다. 정부는 처음에 14조 엔이라고 발표했다. 그후 비용이 너무 많다는 비판이 나오자 12.3조 엔이라고 발표하기도 했다. 도쿄도에서 다시 조사해 보니 최소 20조 엔은 들 것으로 추정됐다.

최상철: 일본의 수도이전논의는 완전히 중단되었나?

이치카와 : 정부는 중지라는 공식적인 선언을 하지 않았다.

최상철 : 일극집중 문제는 어떻게 풀어야 하나?

이치카와 : 일극집중의 문제는 토지, 교통 등의 문제를 하나씩 나눠서 해결해야 한다. 지방분권은 권력분산을 통해서 풀어야 한다.

최상철 : 일본의 고이즈미 수상과 현 일본 여당은 어떤 입장인가?

이치카와 : 지금부터 14년 전에는 대부분의 모든 의원이 찬성했다. 지금은 그렇지 않다. 고이즈미수상도 수상이 되기 이전에는 수도이전에 찬성하는 입장이었다. 수상이 되면서 수도이전의 부작용을 파악하게 됐고 이제는 수도이전에 대해서는 언급하지 않는다.

최상철 : 일본은 어떻게 국민의 여론을 수렴했는가?

이치카와 : '90년 전반까지는 국민을 대상으로 앙케이트 조사를 했고 찬성이 많았다. 수도가 이전하면 모든 문제가 해결될 것이라고 생각했기 때문이다. 하지만 수도이전의 허구성에 대한 정보가 확산되면서 반대 여론이 높아졌다. 반대여론이 높아지자 정부는 앙케이트 조사 자체를 하지 않는다. 동경과 이전지역 외에는 다른 지역에서는 수도이전에 대한 관심이 없다

최상철 : 이전 후보지 주민들의 여론은 어떤가?

이치카와 : 이전 예정지 주민들은 찬성과 반대가 엇갈린다. 일부 주민들은 환경-교통문제를 들어 자신이 사는 지역에 행정수도가 이전하는 것을 꺼려하고 있다.

최상철 : 한국 정부는 행정수도뿐만 아니라 공공기관까지 이전을 계획하고 있다. 국가발전을 위해서라는 명분을 내세우고 있다.

이치카와 : 그것은 오해에서 비롯된 것이다. 정부와 민간이 같은 곳에 있

어야 시너지 효과를 낼 수 있다. 민간이 하는 일을 정부가 잘 알고 민간과 정부가 서로 정보교환을 해야 한다. 만일 행정부와 공공기관이 기업이 없는 곳으로 이전을 하면 민간과 정부의 정보교환이 적어진다. 일본은 민간기업이 동경에 모여 있고 정부기관이 있어 상호간 정보 교환이 활발하게 이뤄진다. 만일 정부기관이 이전하면 민간기업은 지사를 둘 수밖에 없다. 결국 이는 민간에 이중 부담을 주는 것이다.

최상철 : 일본의 경제단체들의 입장은 어떤가?

이치카와 : 처음에는 건설수요를 기대, 찬성하는 입장이었다. 그런데 시간이 지나면서 여러 문제점이 나타나자 경단련은 적극적인 찬성은 하지 않고 있다.

최상철 : 동경권 관리 정책은 어떤가?

이치카와 : 2002년 도시재생 특별법이라는 것을 만들었다. 이법에 따라 오히려 '동경 빅뱅', 즉 동경을 키워서 경쟁력을 살리자는 식으로 정책의 전환이 이뤄졌다. 동경권에 인구 집중억제책이라는 게 없어졌다.

최상철 : 동경의 경쟁 상대는 어디인가?

이치카와 : 세계적으로 보면 뉴욕, 런던, 파리이고, 아시아에서는 홍콩, 상하이, 서울이 경쟁 상대이다.

최상철 : 한국의 수도이전에 대한 일본 지식인들의 생각은?

이치카와 : 동경대 하따 가츠오 교수는 한국이 수도이전을 하면 경쟁상대가 줄어서(일본 입장에서는) 바람직하다고 말하기도 했다. 집중과 집적의 효과가 경쟁력의 원천이다. 대도시권이 국가 경쟁력의 기관차 역할을 한다.

최상철 : 한국의 일부 학자들은 분권, 분산, 균형발전이 경쟁력의 원천이라고 주장하고 있는데?

이치카와 : 분권과 분산은 과거의 개념이다. 21세기 세계화가 되면서 국내적인 균형발전의 논리에서 국제적인 경쟁력의 논리로 바뀌었다. 분산 · 분권 정책은 이미 일본에서는 끝났다.